科学用語図鑑

物理、電、化學、生物、地科、宇宙6大領域
讓你一次搞懂136個基礎科學名詞

超實用・科學用語圖鑑

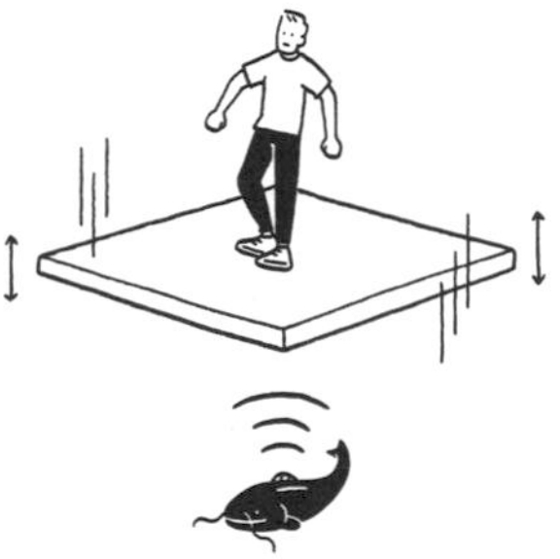

水谷淳——著
小幡彩貴——插畫　陳蓁——譯

目錄

前言   7

物理 Physics ———————

運動   14
力／場   16
能量   18
功   20
重力   22
重量／質量   24
慣性／離心力   26
向量   28
光譜   30
分子／原子／離子   32
基本粒子   34
量子   36
熱   38
熵   40
放射線／放射性   42
西弗／貝克勒   44
核分裂／核融合   46
微中子   48
希格斯粒子   50
奈（奈米）   52

科學專欄1
連續中獎，真的可能嗎？──偶然與機率   54

電 Electricity ———————

電荷／電場   58
電流／電壓／電阻   60

磁　　　　　　　　　　　　　　　　　62

電磁／電磁波　　　　　　　　　　　64

半導體／電晶體　　　　　　　　　　66

超導　　　　　　　　　　　　　　　68

雷射　　　　　　　　　　　　　　　70

LED（發光二極體）　　　　　　　　72

太陽能電池　　　　　　　　　　　　74

人工智慧　　　　　　　　　　　　　76

量子電腦　　　　　　　　　　　　　78

量子遙傳　　　　　　　　　　　　　80

科學專欄2
買彩券真的可以賺到錢嗎？——期望值　　82

化學 Chemistry

元素／同位素／化合物　　　　　　　88

週期表　　　　　　　　　　　　　　90

酸／鹼／中和　　　　　　　　　　　92

化學鍵　　　　　　　　　　　　　　94

化學反應／氧化／還原　　　　　　　96

固體／液體／氣體　　　　　　　　　98

潛熱　　　　　　　　　　　　　　　100

卡路里　　　　　　　　　　　　　　102

觸媒　　　　　　　　　　　　　　　104

矽／矽氧樹脂（矽利康）　　　　　　106

臭氧／氟氯烴　　　　　　　　　　　108

奈米碳管　　　　　　　　　　　　　110

稀土元素　　　　　　　　　　　　　112

科學專欄3
那些統計數據，可以全部相信嗎？——有意義的統計　114

生物 Biology

細胞 120

病毒 122

呼吸／粒線體 124

光合作用／葉綠體 126

蛋白質／酵素 128

基因體／基因 130

DNA／RNA 132

細胞分裂／生殖 134

演化 136

荷爾蒙／費洛蒙 138

免疫／疫苗／過敏 140

生物複製／iPS細胞 142

基因操作／基因體編輯 144

端粒 146

自噬作用 148

生物量、生質 150

科學專欄4

這件事跟那件事之間，真的有關係嗎？ 152
—— 因果關係與相關關係

地科 Geography

低氣壓／高氣壓 158

鋒面 160

颱風 162

極光 164

地殼／地函／板塊 166

火山／地震 168

震度／地震規模 170

P波／S波 172

液化現象 174

海底熱泉 176

聖嬰現象／反聖嬰現象 178

頁岩氣／頁岩油／甲烷水合物 180

科學專欄5
透過實驗驗證的知識體系——科學曾走過的路 182

宇宙 Cosmology

光年／天文單位／秒差距 186

太陽系／行星／衛星 188

小行星 190

彗星 192

恆星 194

星系 196

星系團／宇宙大規模結構 198

黑洞 200

大霹靂／宇宙暴脹 202

重力波 204

太陽系外行星 206

暗物質／暗能量 208

科學專欄6
論文與科學家——正確的科學 210

結語 214

參考文獻 216

名詞索引 217

前言

　　我平常的工作主要是翻譯科普書籍，一直用心扮演傳播知識的角色，努力讓社會大眾理解科學知識。如果沒有科學，現代社會就無法存在。但是應該有很多人覺得「科學很困難」，或是「那些科學家說的話我都聽不太懂」吧。造成這種感受的理由可能有很多，其中我覺得最重要的因素，就是所使用的詞語。

　　翻譯科學知識文章時，常常發現裡面會出現一些在日常生活中接觸不到的新名詞，或者是有不少用語的意義與日常生活中使用的意義不同。比如說「量子」這個詞，就是科學家新創的名詞。因為科學家本身對於自己所使用的詞語意義有明確定義，所以當同業人士彼此溝通時，不需要再特別說明，但對於一般人來說，不要說是專有名詞的正確意義了，大部分人根本連那些詞語所要表達的概念都無法掌握。科學家所提及的詞語究竟是什麼，光是這一點就無法理解了，結果當然就是丈二金剛摸不著腦袋。

　　像是我們在日常生活中會用到「功」這個詞，也對這個詞有明確的印象，但科學家卻是以完全不同的涵義在使用它。我們心中所抱持的印象跟科學家所要表達的涵義有所衝突時，結果當然

會一頭霧水。無論如何，對於各式各樣的詞語涵義，科學家跟普通人的認知有所出入，我覺得這是一大問題。

　　所以只要有書籍可以提供適當的幫助，讓大眾得以掌握科學領域特有詞語的概念，應該就可以讓大家對於科學語言那種霧裡看花的感覺消失了，本書就是基於這個理念而創作的。從各種科學領域中挑選一些詞語，針對這些詞語的大略意義、容易令人誤解的理由，以及它們與日常生活間的關係加以說明。而為了儘量讓讀者能留下具體的印象，所以選擇用文字搭配插圖的方式來呈現。

　　書中選擇的專有名詞，包含最基本但卻容易令人誤解的詞語，以及較常在報章雜誌等媒體裡出現，以及引發討論的詞語。當然，除了本書收錄的詞語外，還有許多其他重要的科學用語，但如果能先把比較重要的詞語記在腦中，相信對於未來想要繼續深入了解也會有所幫助。

　　書中的詞語是依照六大領域來分類。當然，有些用語橫跨多個領域，或是無法完全符合既有傳統領域的分類。因此對於書中詞語的分類，請將其視作一種簡單的概分即可。

　　本書的最終目的在於讓讀者掌握概念，因此不會涉及嚴謹的討論或細節，而是利用比喻的方式加以直觀地說明。還有，書中也會提及各種詞語的來源以及相關科學家，藉此幫助讀者建立印

象。而插圖的說明文字同樣也包含重要概念，請不要略過，務必與正文彼此參照閱讀。

至於穿插在各章節之間的六個科學專欄，想要探討的是該抱持何種基本心態，才能避免誤用科學，以及科學的本質究竟為何。在科學世界裡，存在著與普通社會略為不同的道理，有時會有人針對這一點批評，但就是因為科學有其獨特之處，所以才有辦法保持它的完整性，並進一步發展出可以實際發揮效用的技術。

不論您想從哪一個領域開始閱讀都沒關係。那麼，就請開始吧。

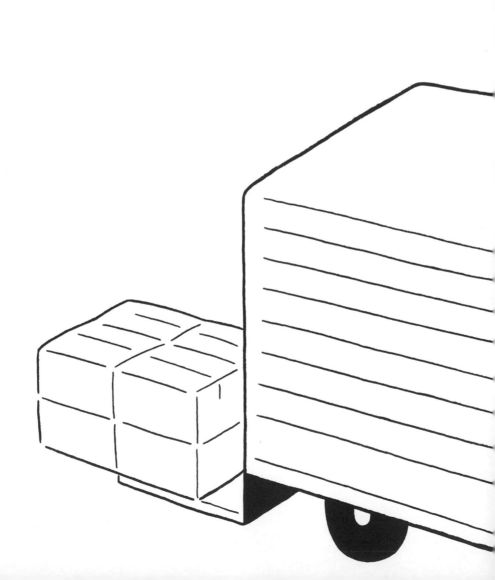

物理

物理學的研究發展，是由理論與實驗共同推動的，就像車輛的前後輪一樣，彼此連動，合作前進。

實驗物理學家會努力設計先進的裝置去發現、驗證理論物理學家所預測的各種現象。

反過來，理論物理學家也會針對實驗與觀測時所發現超乎預想的現象提出解釋，發展物理理論。

如果只有理論，那麼一切就僅止於紙上談兵，而如果只有實驗，其成果終究不過是一堆資料的集合而已。

透過兩者的良性循環，才能讓物理學有所進步。

運動

【Motion】

即使是相同用語，往往也會有在日常生活中的意思跟科學世界中不同的狀況。
如果不將這種差異事先加以釐清，很容易在無意間引發誤解。
「運動」這個乍看之下很簡單的詞也是如此。

物體有所動作

在日常生活中，運動一詞代表的是人類或動物以自己的力量進行動作。但是作為科學用語，則不僅僅表示以自己本身的力量進行動作，而是所有動態的物體都可以說是「正在進行運動」。

帆船是承受風力而前進，無法透過自己的力量移動，但在科學中，這也可以稱作「運動」。

運動會因為觀察者不同而有所不同

相對性

① ② ③

在行駛的電車上，從車上乘客的角度來看，電車駕駛看起來幾乎沒有在進行運動（圖 1），但是從月台上的人眼中來看，電車駕駛是跟電車一起以相當快的速度進行運動（圖 2）。反過來說，從電車乘客的角度來看，站在月台上的人則好像正在往後運動一樣。

如上所述，物體究竟是在進行什麼樣的運動，會因為觀察者的立場而改變。這就是所謂的「運動的相對性」，而發現這個現象的人就是伽利略（Galileo Galilei）。所謂的「相對」，就是「會因為與對象之間的相互關係而改變」之意。雖然這個概念聽起來滿理所當然的，但如果針對運動的相對性再加以追根究柢，最後就會觸及愛因斯坦（Albert Einstein）有名的相對論了。

動量是什麼？

如果車輛本身的質量很大，即使它行駛的速度很慢，一旦被它撞上，也可能會受重傷。但如果是蚊子，即使牠用跟車子一樣快的速度撞在我們身上，我們連擦傷都不會有。這是因為運動的「勁道」不同的關係。

為了利用數值來表現運動的勁道強度，就用物體質量（→ p25）乘上物體速度所得出的數值來表示，這個數值就稱作動量。

	質量		速度		動量
	1,000,000克	×	10km/hr	=	10,000,000
	0.001克	×	10km/hr	=	0.01

比如說，比較一下質量 1 公噸、時度 10 公里的車輛其動量，以及質量 0.001 公克、速度相同的蚊子的動量。

如上所述，即使速度相同，隨著質量不同，運動的「勁道」也會有很大的差異。

動量守恆

如果站在冰上的兩個人彼此互相推動，體重較輕的人向外滑動的速度會比較快。這是因為在他們兩個人彼此推動之前與之後，兩個人的動量總和是不變的，這就叫做「動量守恆定律」。另外，在科學領域中常常使用「守恆」這個詞，意思就是「數值不會有所改變」。

動量守恆

在彼此推動以前，兩個人都沒有在運動，所以動量總和為零。因此，當兩個人彼此推動並且分別向外滑出後，A 先生往左方滑動的動量跟 B 小姐往右方滑動的動量就必須相等，可是 A 先生的體重是 B 小姐的 2 倍，所以B小姐會以A先生的2倍速度滑行。

動量跟速度都是向量（→ p 28），所以在計算動量總和時必須使用向量的加法。

A 先生 100 kg　　B 小姐 50 kg

火箭之所以可以飛上天空，也是利用動量守恆定律。氣體從火箭的噴射口帶著向後的動量噴出，藉此為火箭本身帶來相同的前進動量，因此火箭就可以往前飛行。

力／場

【Force / Field】

力也有很多種類，比如以手按壓的力、風力、磁力等，
但不論是哪一種力都有共通的性質，
這種共通的性質究竟是什麼，而力究竟又是什麼呢？

力的作用

首先，來思考一下力究竟有什麼作用吧。

力與運動

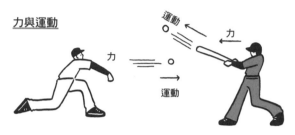

用手施力投出棒球，那麼本來停止的球就會開始運動。利用球棒施力把飛過來的球打出去，球的運動方向就會改變。

如上圖所示，力的作用就是改變物體的運動狀態。風力、摩擦力或是磁力等，不論是什麼種類的力，都有這樣的作用。比如說，如果風吹到樹木，樹葉就會開始晃動；讓球在凹凸不平的地面上滾動，球就會因為摩擦力而停止。

力可以遠距離發生作用

從原子的層級來看

像是磁力或重力，即使在物體彼此分隔兩地的狀態下也可以發生作用。仔細思考一下，這感覺就像是念力一樣，實在是不可思議。

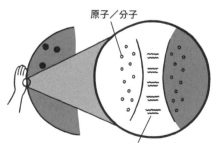

原子／分子

在彼此不互相接觸的狀況下發生作用

相對來說，球棒與球之間的作用，就是透過直接接觸而產生。從直觀的角度來看，這還滿容易理解的。不過如果從原子的層級來看，就會發現就連這種彷彿有直接接觸的力，其實也是在彼此有一點點距離的情況下發生作用的。

從結論來說，存在於這個世界上的所有力都一樣，都是在彼此分隔的物體之間作用的一種不可思議的東西。

「場」是什麼？

為了解釋力這種不可思議的性質，19 世紀物理學家法拉第（Michael Faraday）提出一種稱作「場」的概念。所謂的場就是一種像是「氣」或者是「靈光」（Aura）的東西，因為有場散布在物體四周，所以可以對沒有實際接觸的物體產生力的作用。

以磁力為例

如果有一個磁鐵存在，就會有「磁場」散布在它的四周。在有磁場散布的空間裡放置指南針，指南針就會因為受到這個磁場的磁力影響而擺動。

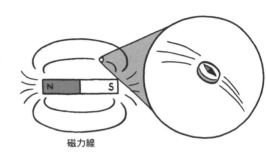

同樣的，會產生電力的就是「電場」、會產生重力的就是「重力場」，隨著力的種類不同，則有不同的場存在。

磁力線

場的真面目

那麼，所謂的場到底是什麼呢？從比原子或分子還更小的基本粒子（→ p34）的層級來看，就能夠理解場的真面目。

場是由粒子間彼此作用所產生

兩個彼此之間有力作用的基本粒子，會透過一種稱為規範玻色子（Gauge boson）的特殊基本粒子彼此交流，這種規範玻色子的交流，可以讓粒子之間彼此吸引，或是彼此排斥。

而所謂的「場」，就是有規範玻色子在其中交錯移動的空間。這種規範玻色子的交流就是所有力的根源。

事實上，規範玻色子只有四種。雖然在日常生活中有各類不同的力在發生作用，但如果我們追根究柢，從基本粒子的層級來看，這個世界上只有四種力存在。

這四種力就是「重力」、「電磁力」、「強作用力」以及「弱作用力」，電力與磁力事實上是同一種力（→ p65）。

Physics ｜ Electricity ｜ Chemistry ｜ Biology ｜ Geography ｜ Cosmology

能量

【Energy】

聽到這個詞，腦中第一時間想到的，可能是「精神」或是「活力」的意思，
但這個詞語在科學上，並不是指人類的精神或活力。
能量，是一種支配自然界的重要概念。

科學中所謂的能量

擁有能量的物體可以對其他物體施力，使其他物體產生運動。也就是說，能量是可以讓其他物體運動的一種「動力」。

各式各樣的能量

本身正在進行運動的物體，可以透過撞擊其他物體的方式，對其他物體施力，讓其他物體產生運動，這種能量就稱作「動能」。
位在高處的物體，可以透過往下掉落的方式，讓其他物體產生運動，這種能量就被稱作「位能」。除此以外，還有電能、磁能、熱能等各式各樣的能量。

雖然能量有各種形式，但是可以讓其他物體進行運動這一點，是所有能量的共通性。

像位能這種會因為物體所在位置不同，而使能量大小發生改變的能量，也稱作「潛能」。

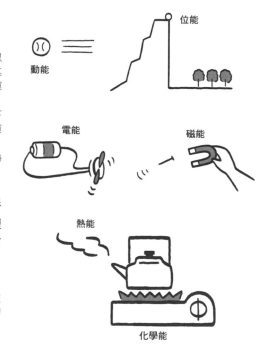

位能

動能

電能

磁能

熱能

化學能

能量守恆

　　雖然在一般人的印象中，能量是一種一經使用就會消失的東西，但事實上能量並不會增加也不會減少，只是形式會有所改變，而能量的總和則不變，這就稱作「能量守恆定律」，或「熱力學第一定律」。

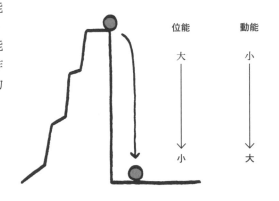

位能　　動能

大　　小

↓　　↓

小　　大

位能與動能

如果將高處的物體往下丟，它的高度就會逐漸降低，位能也會因此逐漸減少，但是減少的位能會使物體墜落的速度變快，從而增加物體的動能。

化學能與熱能

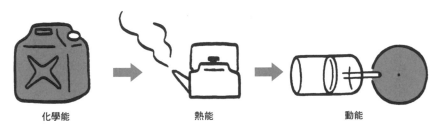

化學能　　　　　　　熱能　　　　　　　動能

一旦點燃燃料，燃料所擁有的化學能就會減少，但相對地則會產生熱能，而使用這種熱能去驅動引擎時，雖然會消耗熱能，相對來說卻會增加引擎的動能。

　　話雖如此，能量也可以分成較容易利用與難以利用的能量。燃料只要預先保存起來，就可以在想要燃燒時加以燃燒，所以燃料的化學能屬於較容易利用的能量。另一方面，將加熱的物體放置不管，它的熱能就會逐漸散逸而冷卻，因此熱能屬於較難利用的能量。

　　想要有效利用能源，就必須要巧妙利用那些易於利用的能源，而所謂「節約能源」的意義，事實上其實是「珍而重之地使用易於利用的能源」。

功

【Work】

在科學世界裡，這個詞並不是表示功勞、工作或事業成就的意思，
它的意義跟力以及能量有很密切的關係。

在科學上的意義

所謂的「作功」，就是「對其他物體
施力而增加那個物體的能量（→ p18）」。
比如說將重物用手拿到較高的位置，則
重物的位能就會增加，這個時候我們就
會說「手對重物作了功」。

如果高度只增加一點點，那麼手所作的功也就只有
一點點，重物的位能也就只增加一點點而已。而如
果把重物拿到比較高的位置，手就會因此而作較多
的功，重物的位能也會增加很多。

作功是什麼？

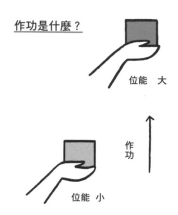

位能 大

作功

位能 小

除了位能以外，其他形式的能量也會因為作功而增加。

各式各樣的功

透過引擎的驅動而作功，就能提升汽車的
行駛速度，使動能增加。

當風力發電機被風吹動，風就會作功而產
生電能。

功與能量的關係

如上所述,當物體 A 對物體 B 作功以後,物體 B 的能量就會增加。但是依據能量守恆定律(→ p19),能量的總和絕對不會增加,因此物體 B 的能量增加多少,對它作功的物體 A 能量就一定會減少相等的量。換一種角度來看,就是物體 A 所擁有的能量透過作功而轉移到物體 B 上。

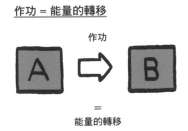

作功 = 能量的轉移

作功

=

能量的轉移

功的單位與功率

究竟作了多少的功,是以焦耳(J)這個單位來表示。另外如前文中所說,作功就是轉移能量的行為,因此能量也同樣以焦耳為單位來表示。那麼,焦耳到底是多大的單位呢?

單位:焦耳

將 1 公斤的重物舉起 1 公尺,所作的功大概就是 10 J。一個乾電池所擁有的總電能大概是 4000 J。

即使作功的能量相同,但如果能在短時間內完成作功,效用就會比較強。所以,人們把 1 秒內所作的功定義為「功率」,以瓦特(W)為單位來表示。微波爐上會有 500 W 之類的數值,就表示「在 1 秒內使用 500 J 的能量,作功加熱食物」。

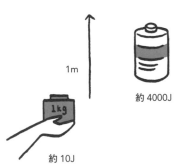

1m

約 4000J

1kg

約 10J

「焦耳」(James Prescott Joule)是 19 世紀的英國物理學家,而「瓦特」(James Watt)則是 18 世紀英國工程師的名字。

重力

【 Gravity 】

雖然這是一種任何人在地球上都可以感受到的，貼近日常生活的力，
但是它給人的印象卻與推動物體的力以及磁力之類的力完全不同。

特殊的力

　　重力的特殊性之一，就是對所有物體都能產
生作用，跟磁力這種只能針對鐵之類的特定物質
產生作用有很大不同。比如說，生長在樹上的蘋
果不只受到地球所產生的重力吸引，同時也會受
到其他蘋果所產生的重力吸引。只是其他蘋果所
產生的重力實在太微弱了，在一般狀況下無法予
以測定，而且也沒有必要納入考量。

蘋果也會產生重力

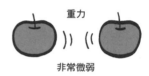

　　重力的強度是由物體的質量（→ p24）以及物體之間的距離來決定。質量
越大的兩物體之間，重力就越強，而物體之間的距離越遠，重力就越弱。明確
定義出這種關係的，就是 17 世紀的英國物理學家牛頓（Isaac Newton）。

**決定重力強度的
要素**

如果以數學方式來描述，重力的強度跟兩物體質量乘積成正比，而跟兩物體間的距離平方成反比。

　　重力的另外一個特性，就是重力一定是吸引物體彼此接近的力量。以磁鐵
為例，磁鐵具備吸引力與排斥力，因此即使聚集了很多磁鐵，因為彼此吸引的
力跟排斥的力互相抵消，所以磁力並不會增強太多，但是重力就只有彼此吸引
的作用，所以如果把很多物體聚集在一起，重力就會彼此累加，變得越來越
強。地球或其他星球的重力會這麼強就是因為如此。

相對論是怎麼思考這個問題的？

愛因斯坦認為重力的真面目就是空間的扭曲，這到底是什麼意思呢？

各位可以想像一下，在整個宇宙空間裡，有貫穿前後、左右、上下等三個方向的橡皮筋，它們縱橫交錯、彼此垂直，構成立體方格狀的結構。如果在這個結構裡有星球存在，這些橡皮筋就會被拉往星球的方向，在距離星球較遠的位置，橡皮筋就會維持幾乎筆直的狀態，但是在靠近星球的位置，這些橡皮筋受到的拉力很大，因而產生嚴重的扭曲。

相對論角度下的重力

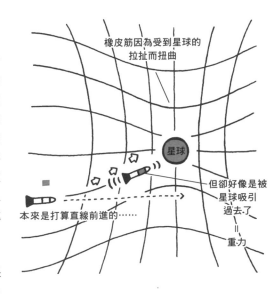

橡皮筋因為受到星球的拉扯而扭曲

星球

本來是打算直線前進的……

但卻好像是被星球吸引過去了
＝
重力

假設現在有一艘太空船經過這個地方，只要太空船不改變自己的行進方向，它就會沿著這些橡皮筋前進，但是因為橡皮筋本身已經扭曲，所以太空船就會不知不覺地朝著星球的方向逐漸前進，就好像是被某種力吸引前往星球一樣，依據愛因斯坦的想法，這就是重力的真面目。

星球的質量越大，空間的扭曲就會延伸到越遠的地方。因為太陽的質量相當大，所以整個太陽系的空間都因為它而扭曲。相對來說，地球比太陽輕太多了，所以頂多只能影響到月球的範圍而已。

以上所描述的空間與重力的概念，其實就是愛因斯坦的「廣義相對論」中最重要的論點。

所謂的相對論，可以分成狹義相對論以及廣義相對論兩種。所謂的狹義相對論，就是只能適用於特殊條件（沒有重力或沒有加速度的條件下）的理論，而廣義相對論，就是在所有條件下都可以適用的理論。廣義相對論是後來才建構出來的，其中使用了更為高階的數學工具。

重量／質量

【Weight / Mass】

其實這兩個詞語的意義完全不同，
雖然只要討論的物體是在地球上，就不需要太過在意它們之間的差異，
但是一旦進入太空，二者的差異就會非常明顯，
而這也跟愛因斯坦的相對論有很密切的關係。

重量是什麼？

在地球上，質量 1 公斤的物體會受到來自於地球、相等於 1 公斤重的重力吸引。如上所述，「重量」的真正意義，就是物體所承受的重力強度。將這個物體放在磅秤上，重力就會與磅秤中彈簧的張力相互平衡，使得磅秤的指針指向「1 kg」，這在地球上是很稀鬆平常的事情。

但是如果把這個物體拿到月球上，它所承受的重力就會變成六分之一，所以把它放到磅秤上，指針只會指到「0.17 kg」的刻度。

更進一步來說，如果把這個物體拿到太空站上，由於此時「物體實質上並沒有受到重力影響」，所以磅秤的指針會維持在「0 kg」的位置，也就是重量歸零了。

實際上，太空站上是因為重力與離心力（→ p27）彼此平衡，所以感覺上好像沒有受到重力作用一樣。

如上所述，即使是同一個物體，它的重量也會隨著它所在的位置而改變，在重力越強的地方，重量越大，在重力越弱的地方，重量越小。

重量會因為地點而改變

1 kg

重量 ＝ 重力的強度

質量是什麼？

質量 = 使該物體進行運動的難易度

那麼質量又是什麼呢？嘗試用同樣的力量去推動質量1公斤以及質量2公斤的物體，結果當然是質量2公斤的物體會比1公斤的物體更難移動。如果我們持續推動這兩個物體相同時間，質量2公斤物體的移動距離將只有1公斤物體的一半，也就是說，移動2公斤物體的困難度是移動1公斤物體的2倍。

如上所述，「質量」就是施力移動物體的困難度。移動物體的困難度與是否受到重力影響並沒有關係。所以說，只要是同一個物體，不管是在地球上或是太空站中，質量也絕對不會改變。

以這種方式定義的質量特別稱作「慣性質量」。

在太空中也感受得到質量

在太空站也一樣，質量較小的物體可以用手輕鬆推動，但是像太空艙這樣質量較大的巨大物體，就必須使用強力的機械臂才能推動。

如上所述，雖然重量與質量意義完全不同，但二者都可以使用公斤（公斤重）這個同等的單位來表示，這就是所謂的等效原理，而等效原理其實是廣義相對論的基本原理之一，同時也是廣義相對論中非常重要的性質之一。

慣性／離心力

【 Inertia / Centrifugal force 】

當汽車過彎或是搭雲霄飛車時，
乘客會有身體被往外拉的感覺，
但這種對於力的感受其實只是一種假想力。

慣性是什麼？

任何物體都具有趨向於維持目前運動狀態的特性。靜止的物體會趨向於維持原本的靜止狀態，而正在運動的物體則會趨向維持原有的速度，朝著原有的方向繼續運動。即使物體被施加力量，也會有某種程度上的抗拒，避免目前的運動狀態被改變，這個性質就稱作「慣性」。而所有物體都具有慣性，即稱作「慣性定律」，或「牛頓第一運動定律」。

運動不會立刻就改變

即使我們對正在運動的物體施加與其行進方向垂直的力，它的行進方向也不會立刻產生90度的改變，而是會受到慣性的影響，一面抵抗變化，一面緩緩改變行進方向。

至於慣性的強度到底有多強，也就是對外力的抵抗程度，則是由該物體的質量所決定。質量越大的物體慣性越強，即使施加外力也不容易改變它的運動狀態，這就稱作「牛頓第二運動定律」。

p24「重量／質量」中所提到的移動物體的困難度，就是在說這種慣性。

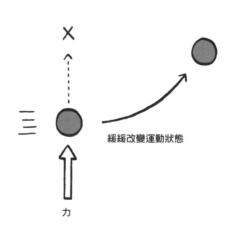

緩緩改變運動狀態

力

為什麼會有離心力的作用？

離心力就是由慣性產生的。

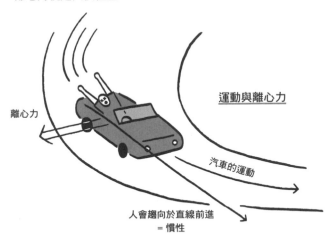

運動與離心力

離心力

汽車的運動

人會趨向於直線前進
= 慣性

　　汽車過彎時，你坐在汽車裡的身體也會隨著車輛的動作而改變前進方向，但是因為有慣性存在，所以你的身體還是會趨向於原有的前進方向，維持直線前進。於是，你會感覺到好像被某種來自車外的力量往外拉動。實際上並沒有那樣的力在發生作用，但你卻感覺好像有一股力施加在自己身上，這種假想力就是離心力。

　　月球跟人工衛星之所以能夠持續在地球周圍運行，其實也是多虧了離心力。因為月球受到地球重力的作用，被吸引往地球的方向前進，如果持續下去，月球就會越來越靠近地球，最後撞上地球。不過，由於月球一直都是沿著曲線進行運動，所以月球也會受到離心力的作用。由於這個離心力的強度跟地球的重力正好相等，所以兩種力彼此抵銷，因此月球不會靠近地球，也不會遠離地球，而會一直維持著相同的距離，繞著地球運行。

月球也受到離心力的作用

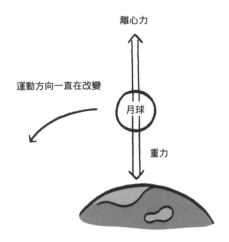

離心力

運動方向一直在改變

月球

重力

向量

【 Vector 】

這個詞在日常生活中不是那麼常碰到，
它最根本的意義也沒有為大眾所知。
如果能先理解向量的基本意義，
對於物理的理解就會更加明確。

向量是什麼？

「Vector」（向量）這個詞在拉丁文裡是代表「搬運」的意思。想要搬運某個物品，有兩種資訊是必須的，第一是要搬運多遠（幾公尺）的距離，第二則是要把物品搬往哪個方向。想要結合這兩種資訊並且同時表達，只要在地圖上畫上箭頭就好了，利用箭頭的長度來表達搬運的距離，箭頭方向則表示搬運的方向，這個箭頭就是所謂的「向量」。

除此以外，還有很多資訊也可以用向量來表示。

要表示飛機的飛行狀態時，也必須要有兩種資訊：
飛機的時速是多少公里，以及飛機飛行的方向，所以飛機的飛行狀態也可以利用向量來表示。
力也一樣，力的強度以及施力方向等兩種資訊，也可以用向量來同時表示。
風也是一樣，可以利用箭頭的方向來表示風向，用箭頭的長度來表示風速，這也是向量。

另一方面，像是質量、體積、溫度等與方向無關，只具備數值大小概念的數值，就稱作「純量」。

向量 ＝ 箭頭

距離
方向

各式各樣的向量

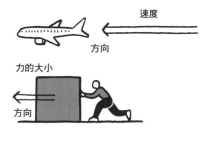

速度
方向

力的大小
方向

風

向量的使用方式

比如說，如果我們在河裡划船，船隻會往什麼方向、以什麼樣的速度前進呢？要回答這個問題，所需要的資訊就包括了河川的流向與流速，以及划動船隻的方向與船速，這兩組資訊都可以利用向量表示，而且使用向量就可以簡單得到答案。

以向量畫出平行四邊形

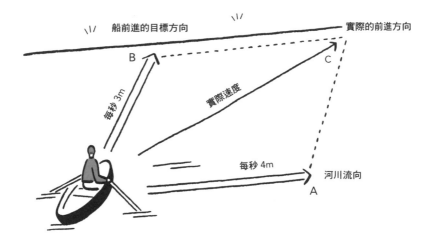

在紙上畫出表示河川流向的向量 A，以及表示划船方向與速度的向量 B，以此畫出平行四邊形，然後在平行四邊形的對角線上畫出新的向量 C，這就是船隻往河岸前進的方向。

用以上方法，就可以透過向量了解船隻是沿著什麼方向往河岸前進，而且只要求得向量的長度，就可以知道船隻前進的速度是每秒幾公尺。像這樣把兩個向量結合在一起，變成一個向量，稱作「向量的合成」，或是「向量的加法」。

如果要在不利用向量的狀況下求得這個答案，就必須使用三角函數來進行複雜的計算，但如果利用向量來處理，就可以避免麻煩的計算，以作圖的方式解決各式各樣的問題。

光譜

【Spectrum】

這是一個讓人好像似懂非懂的詞語，
但了解後就會發現它的意義很單純。在物理學的領域，它的用途很廣泛，
在日常生活中也可以發揮各式各樣的功能。

光的顏色

來自太陽的白色光裡，其實混雜了許多顏色的光，只不過因為所有顏色的光都混雜在一起，所以看起來像是白色。那麼為什麼這種白色光通過三稜鏡後，就可以分成七種顏色呢？

從根本說起，光的顏色之所以不同，是因為光的波長（→ p65）彼此不同所造成。紅色光的波長最長，紫色光的波長最短，而其他顏色的光波長則介於這兩種顏色之間。當光線進入三稜鏡的玻璃材質裡時，還有光線從玻璃內部通往外界時，光線的行進方向都會彎曲，而這個彎曲的角度會隨著波長而有所不同。

彩虹七色

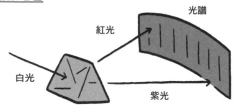

光譜

紅光

白光

紫光

波長較長的紅色光會嚴重彎曲，但波長較短的紫色光則只會略為彎曲，因此從三稜鏡裡出來的光線，會隨著波長的長短順序依序照射在螢幕上，於是產生了七色的光帶。

觀察這一條光帶就可以發現，原先的光線中究竟包含何種顏色（波長）的光，同時也可以分辨各種顏色光的亮度是多少。像這樣把光線區別開來，同時顯示各色光線亮度的，就是「光譜」。

隨著光的類型而有所不同的光譜

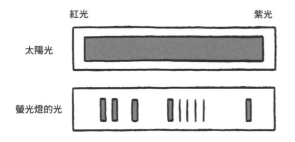

紅光　　　　　　　　　　　　紫光

太陽光

螢光燈的光

在太陽光的光譜裡，不論是什麼顏色的光，亮度大致相同，這是因為太陽光裡所含有的各色光線強度都差不多。

觀察螢光燈的光譜，就會發現有些地方亮、有些地方暗，這是因為在螢光燈所發出的白光裡，有一些光是不存在的。

聲譜

光譜的概念也可以套用在聲音上。各位應該都知道，在有些音樂 App 裡，可以透過視覺顯示的方式來表現聲譜，其實所顯示的就是各種不同音高的聲音強度。

顯示聲音的高低

低音　　　　　　　　　高音

當無線電的調頻不準確時，就會聽到「沙沙聲」，那就是所有音高的聲音都以相同強度混雜在一起的結果。就像所有顏色的光都混雜在白色的太陽光裡一樣，這樣的聲音稱之為白噪音。

使用光譜進行分析

不同種類的物質會吸收或放出不同顏色的光線，因此對於成分不明的物體，就可以透過研究光線穿透進入該物體時的光譜，或是該物體所發出光線的光譜，來分析該物體究竟是由何種物質所構成。

在食品檢驗或犯罪調查這些與日常生活相關的領域，也會使用這樣的分析方法，而且這種方法也可以用來調查遠方星球所含的物質成分，在科學上是非常重要的技術。在物質分析的領域裡，光譜是一種非常有用的工具。

Physics ｜ Electricity ｜ Chemistry ｜ Biology ｜ Geography ｜ Cosmology

分子／原子／離子

【 Molecule / Atom / Ion 】

把物質不斷地細分下去，究竟可以細分到多小的程度呢？
到了最後，一定會碰上一種再也無法輕易加以破壞的微小粒子。

物質的粒子

將水不斷細分成細小的水滴，最後就會得到大約 0.0000001 mm（ = 0.1 nm（→ p52））的微小粒子，而這就是分子。將這樣的分子聚集起來，當聚集的數量達到幾兆個的幾兆倍以後，就會形成液態的水。

分子

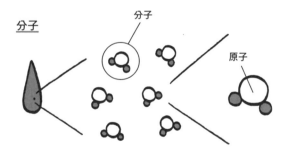

仔細觀察分子，就會發現分子是由更小的球形粒子結合在一起，而且有既定的形狀。如果是純水的話，那麼水中所含的全部都是具備相同形狀與性質的分子。而如果物質的種類不同，那麼分子的形狀與性質也會有所不同。反過來說，分子的形狀與性質是由物質的種類所決定的。

如果以更加精細的角度去觀察

那些聚集在一起形成分子的小球就是原子。原子有各式各樣的種類，但是大部分原子都不趨向於維持孤立的狀態，而是趨向於跟其他原子結合在一起，這就是為什麼會形成分子的原因。

如果再把原子放大觀察，就會發現原子的中心有個小小的顆粒，而在小顆粒的周圍則有像是雲一樣的東西圍繞在其四周。

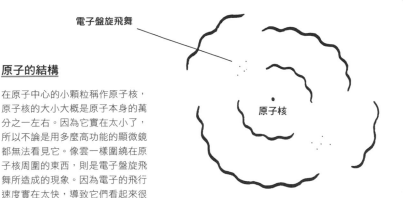

電子盤旋飛舞

原子核

原子的結構

在原子中心的小顆粒稱作原子核，原子核的大小大概是原子本身的萬分之一左右。因為它實在太小了，所以不論是用多麼高功能的顯微鏡都無法看見它。像雲一樣圍繞在原子核周圍的東西，則是電子盤旋飛舞所造成的現象。因為電子的飛行速度實在太快，導致它們看起來很模糊，就像雲霧一樣。

原子核帶有正電荷（電荷（→ p58）），電子則帶有負電荷。雖然正電跟負電會彼此吸引，但因為電子盤旋飛舞的勁道十分強，所以原子核與電子不會結合在一起。

離子是什麼？

在分子與原子中，因為原子核的正電荷與電子的負電荷正好可以取得平衡，所以整體看起來就像是沒有帶電一樣。但是可能因為某種原因，讓幾個電子脫離了，或者是反過來讓原子或分子多帶了幾個電子，這時正電與負電的平衡就會崩潰，此時分子或原子就會帶有電荷，這種帶有電荷的分子或原子就被稱作離子。

兩種離子

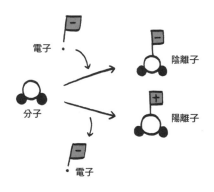

電子

分子

陰離子

陽離子

電子

整體帶有負電荷的離子就稱作陰離子，而帶有正電荷的則稱作陽離子。

我想各位應該常常聽到負離子這個詞。這個詞所指的，往往是空氣中的水或氧氣分子加上電子以後所形成的陰離子。據說負離子對人體健康有益，但其功效其實還有待科學加以驗證，所以要請各位多加注意囉。

基本粒子

【Elementary particle】

使用最尖端的實驗設備，
就可以把原子或原子核再細分成更小的物質，
最後就可以找到物質最基本的構成粒子。

形成原子核的粒子

位在原子中心的原子核，本身也是由更小的數個粒子結合在一起所形成的。其中的粒子有兩種，分別稱作質子與中子，其大小均為 1 公釐的一兆分之一，是令人幾乎無法想像的大小。

原子核的結構

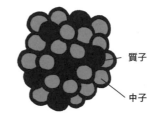

雖然質子帶有正電荷，但中子卻沒有帶電。一個原子核裡面的質子與中子數量大致相同，或者中子會多一些，而原子核整體則帶有正電荷。

細分到極限為止

然而這樣的細分尚未結束，質子跟中子本身也都是由另外三個粒子所組成。這種粒子稱作「夸克」。常見的夸克有兩種，分別為上夸克與下夸克。夸克這個詞源自於愛爾蘭作家詹姆斯·喬伊斯的小說中所描述的鳥類叫聲「呱—呱—」。雖然這個名稱有點奇怪，但是要如何比喻微小到這種程度的東西實在太困難，所以物理學家就用這種半開玩笑的方式來幫它命名了。

質子的結構

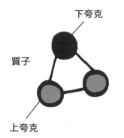

下夸克

質子

上夸克

質子是由兩個上夸克以及一個下夸克所組成，而中子則是由一個上夸克與兩個下夸克所組成。

雖然還有另外四種夸克存在，但那些夸克都是透過實驗裝置所製造出，而且都會在非常短的時間內轉變成其他種夸克，因此它們並不存在於日常生活中。另外，夸克是以「味」（Flavor）來區分其種類，當然，這並非表示各種夸克嚐起來的味道有所不同啦。

夸克是絕對無法再更細分的，夸克就是構成物質的終極要素。另外，因為圍繞在原子核周圍的電子也沒有辦法再更細分，所以電子也是構成物質的最基本要素。如上所述，這些沒有辦法再往下細分，最極限而又最「基本」的粒子，就稱作「基本粒子」。

嚴格來說，質子跟中子都不是基本粒子，但因為它們都是比原子核還要小的粒子，所以時常被泛稱為「基本粒子」。

前文中已經將物質不斷加以細分，最後以下圖來統整呈現。

物質的結構

物質　　分子　　原子　　原子核　　　　質子　　　夸克
　　　　　　　　　　　　電子　　　　　　中子

基本粒子

在被稱作「標準模型」（Standard Model）的現行物理理論中，已經有定義的基本粒子共有 17 種。其中構成我們日常生活中所能接觸到物質的，就只有電子、上夸克以及下夸克三種。只靠這三種基本粒子以各種不同方式結合，就產生了存在於這世界的所有事物。

Physics ― Electricity ― Chemistry ― Biology ― Geography ― Cosmology

量子

【Quantum】

在超微觀的世界裡，人類的常識完全無法通用，
不管會發生什麼樣奇妙的事情，也一樣都是事實，也只能接受。

微觀的不可思議

原子與基本粒子（→ p34）等超微觀的物體會有以下各種不可思議的行為。

① 同一個物體可以像有練過分身術一樣，同時存在於數個不同的場所。但只要有任何人對它進行觀測，突然間它就只存在於同一個地方。

原子或是基本粒子在以微小的粒子型態快速移動時，同時也會以波的形式傳遞到某種範圍內。當它們被觀測時，會被視作顆粒或是波，則依觀測方法不同而不同（這個性質被稱作「波粒二象性」）。

② 原子或基本粒子會像地球一樣自轉（這種自轉稱為自旋），而且還可以同時進行左旋跟右旋（這種狀態稱作「量子疊加狀態」）。

③ 兩個物體可以像有超能力一樣，彼此共享資訊，而且這種超能力就算相距幾億公里也可以瞬間傳遞（這種現象稱作「量子糾纏」）。

④ 如果我們想要精確了解物體現在所處位置，那麼對於物體目前正在用什麼樣的速度進行運動，就只能得到一個概略的結果。反過來說，如果我們想要精確測定物體的速度，那麼我們對於物體目前所處位置就只能得到一個概略的結果（這個性質稱作「測不準原理」）。

不可思議的世界

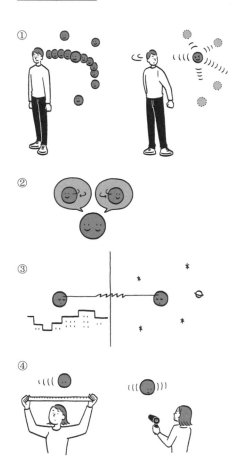

這種不可思議的現象，絕對不是毫無來由的隨機產生，而是有其確實的法則存在，而「量子力學」就是用來說明這種法則的理論。所謂的「力學」，就是用來說明物體如何運動的理論，那麼「量子」又是什麼呢？

量子是什麼？

以速度為例，在日常生活的世界裡，只要我們進行細微的調整，就可以極度精細地調整動能（→ p18）的大小，不管是位能、電能以及熱能等皆是如此。如果要舉例說明的話，就好像我們用湯匙舀砂糖時，可以非常細微地調整砂糖的量一樣。

但是在超微觀的世界裡就沒有辦法如此。在超微觀的世界裡，能量就像方糖一樣，有它既定的大小單位，我們只能決定一個單位、兩個單位、三個單位這樣的數量變化，而這種能量的基本單位就是量子。

能量的單位

日常生活的世界

超微觀的世界

雖然量子這個詞聽起來跟原子或基本粒子很像，但是量子本身並不是一種粒子，而是能量的單位。

為什麼會有這樣的差異存在呢？那是因為相較於日常生活中的能量，一個量子的能量實在是小到可以忽略。其實日常生活中的能量也一樣是量子化的，但是在數兆個量子的能量規模之下，已經沒有辦法去逐一分辨每一個量子的差異了。就像我們用湯匙來舀砂糖，湯匙所舀起來的砂糖其實也是由數萬顆細小的砂糖顆粒所構成的一樣。

熱

【Heat】

可以利用感覺來區分冷與熱的差別，
但如果要解答冷與熱背後的真相是什麼，應該會令人感到困惑吧。
這一點其實是跟能量有關。

熱與能量

　　如果能夠善加利用的話，就可以像下圖這樣，利用具備熱能的物體來作功（→ p20）。

熱作功

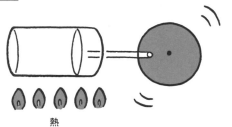

加熱活塞內部的氣體，氣體就
能把活塞推出來，並且推動其
他物體。汽車的引擎基本上就
是利用這種方式在運作。

熱

　　「作功的能力」，也就是「對其他物體施力，並且讓那個物體移動的能力」，稱作能量（→ p18），所以熱也是能量的一種。熱並不是某種實體的存在，而是物體所擁有的一種「驅動力」。

熱的真面目

　　那麼這種「驅動力」究竟從何而來？如果我們從分子的層級來觀察，就能理解其真面目了。

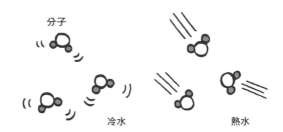

分子的運動

對水加熱,就會讓水分子的運動變得比較激烈,並因此劇烈撞擊容器內壁。

分子

冷水   熱水

　　如上所述,熱就是分子的劇烈運動。在比較熱的物體裡,分子會進行劇烈的運動,具有較大的動能。相對來說,在比較冷的物體裡,分子的運動比較不激烈,所帶有的動能也比較小。

　　氣體在加熱後之所以會把活塞向外推出,就是因為劇烈運動的分子強烈撞擊在活塞上,而那些分子的動能就轉化成活塞動能的緣故。

溫度是什麼?

　　溫度就是用來表示分子究竟擁有多少動能的尺度。分子的運動越激烈,溫度就越高,而分子的運動越和緩,溫度就越低。透過這種思考方式,就能了解物體變涼或變熱是什麼機制了。

熱量是會傳播的

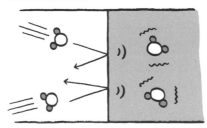

將較熱的物體與較冷的物體彼此緊密接觸,較熱物體的分子就會劇烈撞擊兩個物體的接觸面,去動搖較冷物體的分子。而較冷物體的分子就會因此漸漸開始進行較劇烈的運動,溫度也會因此逐漸上升。相對地,較熱物體的分子則會逐漸失去運動的強度,使它的溫度逐漸降低,最後雙方的分子運動強度會相等,而使雙方的溫度達到平衡。

熱量的真面目是在 19 世紀由焦耳(→ p21)等多位物理學家抽絲剝繭,逐漸解開的。

熵

【Entropy】

有些專有名詞，不管是音譯或是意譯，
乍看之下實在不太容易望文生義，像「熵」就是。
像這種時候，不妨從那個詞語的由來著手，會比較容易了解其意義。

Physics ｜ Electricity ｜ Chemistry ｜ Biology ｜ Geography ｜ Cosmology

熱能會被浪費

利用熱（→ p38）來推動引擎作功（→ p20）時，無論如何都會有部分熱能散逸，造成無謂的浪費。此時作功的效率，會隨著利用熱能當時所使用的裝置與方法而有所不同。

熱能會
無謂地散逸

作功的效率

一口氣猛烈地催動引擎，確實可以讓作功的速率變快，但相對的，也會造成熱能無謂地散逸，所以作功的效率會因此變差。

19 世紀時，德國人克勞修斯（Rudolf Clausius）曾經嘗試利用數值來表現這種作功效率不佳的現象，而他所關注的點，就是利用熱能作功時，溫度每下降 1℃會消耗多少熱能，而這個數值就是「熵」。如果使用的裝置作功效率好，浪費掉的熱能就不會太多，所以熵值不會太大。相對的，越是使用效率差、浪費大量熱能的裝置，熵值就會越大。

熵的原文 entropy，「en」代表「內部的」，而「tropy」則是「變化」，所以應該可以把這個字解釋成「內部熱能有所變化，被無謂地浪費掉了」。

分子雜亂無章的動作

熱就是分子的運動狀態（→ p39），隨著分子的運動狀態不同，熱能作功的效率——也就是熵，也會有所不同。奧地利人波茨曼（Ludwig Boltzmann）發現，熵的真正意義，在於它可以表現大量分子運動狀態缺乏秩序的程度。

熵是什麼？

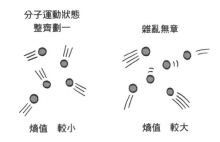

分子運動狀態
整齊劃一　　　　雜亂無章

熵值　較小　　　　熵值　較大

熵絕對不會變小

分子的運動與熵

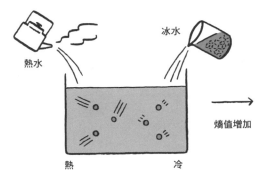

熱水　　冰水

熱　　冷　　熵值增加　　溫水

在容器左側注入熱水，並在容器右側注入冷水，在兩邊分別注入冷熱水後的那一瞬間，劇烈運動的水分子會存在於左方，而緩慢運動的水分子則存在於右方，二者在這一瞬間暫時涇渭分明。分子的動作並不是非常雜亂無章，所以熵值較小。

但是經過一段時間後，劇烈運動的水分子與緩慢運動的水分子就會雜亂無章地混合在一起，熵值就增加了。

　　雖然熱水跟冷水混在一起會變成溫水，但是要溫水自行分成熱水跟冷水是絕對不會發生的，因為要數量龐大的分子自己一個一個并并有條地分成左右兩邊，這種行為是不可能的，所以說熵值一定會變大，絕對不會變小，這就是所謂的「熵增定律」。因為這個定律的影響，不論是什麼樣的物體，在沒有外力影響的狀態下，它的熵都一定會變得越來越大，所以熱能的效率只會變得越來越差。

放射線／放射性

【 Radiation / Radioactivity 】

雖然這兩個詞語聽起來很像，但事實上意思完全不同，
使用時如果不正確地加以區別，
有可能會造成嚴重的誤會，請務必確實理解。

放射線的真面目

有幾種特別的原子
（→ p32）會隨著時間流逝，
自發性地變成其他種類的原
子，這就叫做「衰變」。雖然
稱作衰變，但其實並不是真
的有什麼東西衰敗了，而是
變成另外一種特定種類的原
子而已。

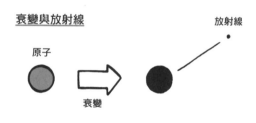

衰變與放射線

原子

衰變

放射線

當原子衰變時，會有某種粒子帶著很強的勁道飛出去，而這顆
飛出去的粒子就是放射線的真面目。所謂的「放射」，就是往四面八
方，以放射狀射出。之所以會加上「線」這個字，是因為這種粒子
會筆直地以一直線飛出去。因為放射線的速度非常快，所以它擁有
很大的動能（→ p18）。因此，如果放射線撞擊到某個物質，就會破
壞該物質裡面的分子，不過只要碰撞過一次，放射線就會失去它的
動能，所以放射線不會一直停留在同一個物質之中。

放射線主要可以分成 α（alpha）射線、β（beta）射線以及
γ（gamma）射線三種。三種射線的性質皆不同，至於究竟會放射
出何種放射線，則是由散發出放射線的原子所決定。

三種放射線

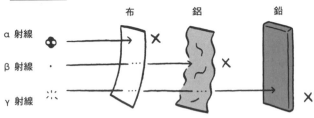

布　　　　鋁　　　　鉛

α 射線

β 射線

γ 射線

α 射線是氦的原子核
（→ p33），雖然能量高，
但是布或者是空氣就足
以遮蔽它。
β 射線是電子（→ p33），
像是鋁板這樣的東西就
足以遮蔽它。
γ 射線是能量很高的光
子，如果不利用厚度很
厚的鉛板就無法遮蔽它。

放射性是什麼？

　　即使擁有很多相同種類的原子，但這些原子
並不會同時進行衰變，各別原子出現衰變的時機
是很不一致的。因此如果一個物質中，具備很多
可以發生衰變的原子，這些原子就會一點一點地
持續放出放射線。這種可以持續放出放射線的物
質，就叫做「放射性物質」，而能夠持續放出放
射線的這種「性質」，就叫做「放射性」。

半衰期是什麼？

半衰期

一個原子經過一次衰變之後，就
不會再繼續衰變了，所以放射性
會隨著時間流逝而降低，而讓半
數原子衰變所需要的時間，就稱
作「半衰期」。半衰期的長度會
隨著原子種類而有所不同。

自然界的放射線／放射性

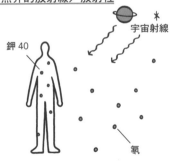

宇宙射線

鉀 40

氡

自然界裡有許多的放射線，或是放射性
物質存在。人體內含有許多叫做鉀 40
的放射性物質，空氣裡混雜了叫做氡的
放射性物質，從太空中也會不斷有一種
叫做宇宙射線的放射線進入地球。

對於人體的影響

　　人體被放射線照射到後，細胞中的分子會有一部分遭受破壞，但是大致上都
可以透過人體功能加以修復，並不會有大礙，就像燙傷或曬傷時可以自然恢復一
樣。但如果一口氣暴露在大量放射線之下，人體的修復作用就無法跟上傷害的程
度，這時就有可能會對健康產生危害。所以並非放射線就絕對有害，而是要看所
受到的照射量而定，有時可能有害，有時也有可能無害。

西弗／貝克勒

【 Sievert / Becquerel 】

如前一主題所述，放射線跟放射性是兩種不同的概念，
因此測定其強度的單位也不同，希望大家不要把這兩種單位混淆了。

放射線的強度

　　當人體暴露在放射線之下時，究竟會受到怎樣的影響，是由該種放射線究竟會給予人體多少能量（→ p18）來決定。因此為了表現放射線影響力的大小，也就是放射線的強度，就以放射線所能給予的能量除以人類體重所得出的數值來表示。這種數值的單位為西弗（Sv）。

西弗（Rolf Maximilian Sievert）是瑞典放射線學者的名字。

單位：西弗

如果放射線給予體重 50kg 的人 5 J 的能量，則此放射線強度為 5 ÷ 50 = 0.1 Sv。

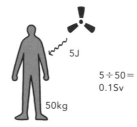

5J

5÷50＝0.1Sv

50kg

在三種放射線中，以 α 射線對人體的影響最大，因此其數值要乘上 20 倍。

　　如果用西弗來表示一般狀況下能接觸到的放射線強度，往往會是 0.00⋯⋯這樣很小的數值，一般來說會將這種數值再乘上 1000 倍，並以毫西弗（mSv）這個單位來表示，比如說 0.005 Sv 就是 5 mSv。

　　如果以毫西弗來表示，數值還是太小，就會再乘上 1000 倍，以微西弗（μSv）為單位來表示。比如說，0.000005 Sv 就是 0.005 mSv，也就是 5 μSv。

　　如果長時間暴露在放射線之下，放射線所給予的能量就會不斷累積，西弗值就會越來越大。這時候，如果想要表示隨著時間而改變的放射線強度，就必須加上時間的單位，比如說想要探討一小時內所承受的西弗值，就採用 Sv ／小時為單位，如果想要探討一年以內會接觸到多少西弗，就以西弗／年為單位來表示。

放射性的強度大小

　　要利用數值來表示某種物質具有多強的放射性，只要去思考該物質在一秒內可以發生多少次衰變（→ p42）即可，這個次數是以貝克勒（Bq）這個單位來表示。

貝克勒（Henri Becquerel）是發現鈾元素具有放射性的法國物理學家的名字。

　　如果物質本身的質量比較大，那麼其中含的放射性原子當然比較多。因此想要探討某特定量的物質所具備的放射性有多強時，可以用該物質在質量 1 公斤下的貝克勒值，並以 Bq/kg 為單位來表示。

Physics　|　Electricity　|　Chemistry　|　Biology　|　Geography　|　Cosmology

1秒

單位／貝克勒

如果某物質在 1 秒內會進行 500 次衰變，那麼它的放射性活度就是 500 Bq。若該物質的質量是 10 kg，那麼它的放射性活度濃度就是 500 ÷ 10 = 50 Bq/kg。

10kg

500 **次衰變** → 500 Bq
500Bq÷10kg
= 50Bq/kg

自然界的數值

　　自然環境中也有放射線存在，其強度大致上是 2 mSv/ 年，但是依照各地放射性物質含量的差異，其放射線強度的差距可達數倍。另外，由於在天空中所能接觸到的宇宙射線比較多，因此飛機上的乘客所承受的放射線量也會更多。

　　自然環境中到處都有放射性物質存在，人體內就含有鉀 40（→ p43），因此人體本身就具有 7000 Bq 左右的放射性活度，以活度濃度來表示的話，大約是 100 Bq/kg 左右。

　　如上所述，在日常生活中，人類隨時都暴露在自然環境的放射線下，而這種放射線如果稍有增加，究竟會對人體健康產生多少影響呢？請各位務必冷靜地思考這個問題。

核分裂／核融合

【 Nuclear fission / Nuclear fusion 】

當原子核產生變化時，有時會釋放出劇烈的能量，
這種現象主要有兩種，各自機制則完全不同，
如果可以善加利用，就可以發展出足以支撐現代文明的力量。

核分裂是什麼？

質子跟中子數量過多的原子核（→ p33），會因為體積過大而難以維繫自身的一體性，因此較不安定。這種原子核如果受到來自外界的中子（→ p34）撞擊，就有可能因此分裂成兩個。這種原子核分裂的現象就叫做「核分裂」，這時同時也會飛出數個中子，並釋放出巨大的能量。

鈾的核分裂

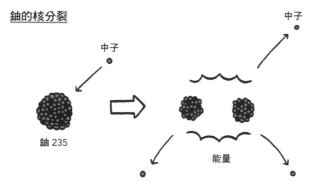

中子

中子

鈾 235

能量

比如説鈾 235 這種原子核，如果它遭受來自外界的一個中子撞擊，就會分裂成兩個原子核，並同時放出兩個或三個中子。

如果在此過程中釋放出的中子又再撞到其他原子核的話，被撞擊的原子核也會發生核分裂，並且放出更多的中子。這種核分裂連續發生的現象稱作連鎖反應，會發生這種現象的狀態就稱作「臨界狀態」。

臨界狀態

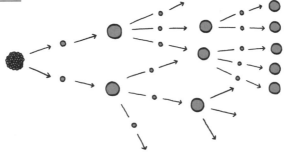

核反應爐使用核分裂所釋放出的能量讓水沸騰，並利用因此產生的水蒸氣來推動發電機，進行發電。核能比起燃燒石油等燃料的效率好很多，燃燒石油2000 公升所產生的能量，只要使用 1 公克的鈾就足以達成，而且核能不會釋放二氧化碳，也不會引發溫室效應。但是核分裂中所產生的原子核碎片也具有放射性，核反應爐的內壁也一樣帶有放射性，所以必須十分謹慎的處理。

核融合是什麼？

原子核帶有正電荷而彼此排斥，因此在一般情況下，原子核是不會彼此靠近的。但是在太陽的核心，因為氫的原子核在此處以非常快的速度四處飛射，所以有時會有兩個原子核因彼此衝撞而結合在一起，這就叫做核融合。核融合跟核分裂一樣，也會釋放大量能量，就是因為這種能量轉換成光與熱，所以太陽才會發光發熱。

氫的核融合

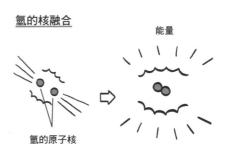

能量

氫的原子核

核融合的效率比核分裂更好，相當於石油的 8 百萬倍，而且核融合的燃料就是氫，在水中含有大量的氫，加上核融合又不會產生麻煩的放射性物質，如果可以利用核融合來發電，肯定可以一口氣解決能源問題。但是想要引發核融合，需要幾千萬度的超高溫以及幾億大氣壓的超高壓環境，目前有許多大型實驗設備正在針對核融合進行研究，說不定有一天真的可以實現核融合發電。

微中子

【Neutrino】

明明就有大量微中子在身邊四處飛射，
但偏偏無從捉摸，它就是這樣一種有如幽靈般的存在，
卻掌握著解開宇宙與物質謎團的關鍵。

難以捕捉的基本粒子

微中子是基本粒子（→ p34）的一種，卻不是那種會形成我們周遭物質的基本粒子。「neutri-」代表的是中性，也就是不帶電荷的意思，而「-no」則代表「小東西」，所以也可譯作「中微子」。

微中子可以產生在任何地方，且能四處自由飛射，同時幾乎是毫無困難地穿過任何物質，因此就算想要偵測它，也沒有辦法順利捕捉它。

任何東西都可以穿越的微中子

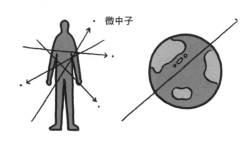

· 微中子

每秒不知道有幾兆個微中子穿過人體，就算是地球，也幾乎沒有辦法阻止微中子穿透。

但是想要了解遙遠宇宙的狀況，或是物質本身的結構，一定得偵測微中子，並了解其性質。

微中子的偵測

1987 年，小柴昌俊利用建於日本岐阜縣山中地下深處的巨大觀測裝置神岡探測器，成功偵測到從宇宙遠方飛來的微中子。

神岡探測器是一個盛裝著數千噸水的水槽，其內壁排列著超高靈敏度的感光元件。微中子在絕無僅有的機會下與水分子相撞後，會發出非常微弱的光線，透過偵測器來偵測這種光線，就可以檢測到微中子。

捕捉微中子

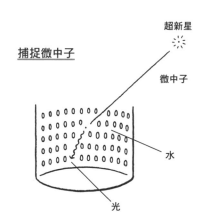

超新星

微中子

水

光

　　那個微中子是在距離地球 15 萬光年（→ p186）的超新星爆炸（→ p195）所產生的。由於成功偵測到這個微中子，讓科學家可以進一步深入了解超新星的爆炸過程，這個貢獻讓小柴在 2002 年獲頒諾貝爾物理獎。

微中子振動

　　微中子有三種，電微中子、緲微中子（μ 微中子）以及濤微中子（τ 微中子）。過去，沒有人知道微中子是否具有質量，而如果微中子具有質量，依據推測，在微中子飛行過程中，應該會在這三種狀態間逐漸彼此變化，這就是所謂的微中子振動。雖說這種現象稱為振動，但並不表示微中子本身會發生振動，而是表示微中子的種類會不斷發生變化之意。

如果微中子具有質量的話

在飛行過程中，其種類會產生變化

　　1996 年，梶田隆章利用升級過的神岡探測器——超級神岡探測器，計算了在大氣中產生的微中子數量，也證明微中子振動是確實會發生的現象。

捕捉微中子振動

在觀測設備上空產生的微中子會立刻進入偵測器中，所以幾乎沒有時間改變狀態，但是在地球另一邊地表產生、穿過整個地球而來的微中子則是遠路而來，因此會在這段旅途中發生狀態改變，因此其中的緲微中子數量就減少了。

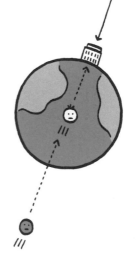

　　透過這個實驗結果，確認了微中子確實具有質量，梶田也因此在 2015 年獲得諾貝爾物理獎。由於在整個宇宙中存在相當大量的微中子，因此微中子是否具有質量，會對宇宙整體質量的預估造成很大的影響，甚至也會影響到宇宙在遙遠的未來會有什麼樣的結局。

希格斯粒子

【Higgs particle】

物體為什麼會擁有質量呢？真要深入細想，還真是個謎團。
物理學家絞盡腦汁想出了一個理由，
並且透過大規模實驗進行驗證。

質量的真面目

　　所有物體都具有質量（→ p25），這個概念聽起來好像很理所當然，但是依照物理理論的不同論述，就算所有物體的質量都是零也絲毫不奇怪，只不過剛好現在的狀況是物體具有質量而已。假設宇宙的條件發生什麼改變，說不定根本就不會有質量這個概念存在了。所以為什麼在這個宇宙裡物體會有質量呢？原因實在很耐人尋味。

　　1984 年，有一位名叫希格斯（Peter Higgs）的物理學家建立了以下理論：「雖然目前還沒有發現，但其實在空間中，緊密地塞滿了一種特別的基本粒子（→ p34），而物體在運動時，必須要在這種粒子之間開闢出一條道路，所以沒有辦法很順利地移動，而質量所代表的就是運動的困難度（→ p25）。所以說，需要推開這種基本粒子才能夠移動的現象，是否就是物體擁有質量的原因呢？」

質量是什麼？

希格斯粒子

無法順利前進
↓
具有質量

　　於是這種存在於假想中的基本粒子，後來就被稱作希格斯粒子。而在這個宇宙裡，因為整個空間中塞滿了希格斯粒子，所以物體才會有質量。

希格斯粒子也被稱作希格斯玻色子。

希格斯粒子的發現

　　由於這個假說是最為有力的一種說法，所以世界各地都有人開始尋找希格斯粒子。到了 2011 年，全世界最大的加速器，也就是位於法國與瑞士國境邊界上的 LHC（大型強子對撞加速器）終於發現了希格斯粒子，證明了希格斯的假說是正確的，希格斯也因為解開質量的起源而在 2013 年獲得諾貝爾物理獎（與恩格勒（François Englert）一起獲得 ）。

加速器 LHC

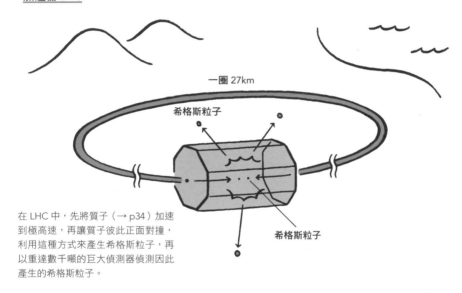

一圈 27km

希格斯粒子

希格斯粒子

在 LHC 中，先將質子（→ p34）加速到極高速，再讓質子彼此正面對撞，利用這種方式來產生希格斯粒子，再以重達數千噸的巨大偵測器偵測因此產生的希格斯粒子。

　　為什麼想要找出希格斯粒子這麼難呢？因為在整個空間中早已充滿希格斯粒子，所以反而難以發現。就好像我們平常並不會意識到空氣的存在是一樣的。而 LHC 則是將質子加速到非常快的速度，再讓質子彼此碰撞，藉此產生希格斯粒子，並且成功加以偵測。因為發現了希格斯粒子，所以基本粒子物理學的理論算是大致完備了，但其實還是有數個謎團尚未解開，所以在世界各地，像 LHC 這樣的加速器都還在繼續進行實驗。

Physics ｜ Electricity ｜ Chemistry ｜ Biology ｜ Geography ｜ Cosmology

奈（奈米）

【Nano】

一般人往往會把這個詞解釋成類似「Micro」（微小）的意思，
但奈米原本是使用於長度單位的一個詞語。

長度單位

在表示長度時，如果都以公尺（m）為單位來表示，有時候會發生數值過小的狀況，這時候我們就會使用公分（cm）或是公釐（mm）這些單位。

公分的英文 centimeter 中，centi- 這個字首代表的是「百分之一」的意思，比如說「20 cm」就代表「20 m 的百分之一」，也就是「0.2 m」。

同樣的，「mili-」代表的則是「千分之一」的意思。

想要表示更小更小的長度時，就會使用奈米（nanometer，nm）這個單位，「nano」所指稱的是「十億分之一」的意思，1 nm 就是十億分之一公尺，也就是百萬分之一公釐。需要使用奈米為單位來測定的尺寸，一般就稱作「奈米尺寸」。

奈米的世界

大

頭髮的粗細大概是 10 萬奈米（0.1 mm）。

細菌的大小大約是 1000 nm。

這個範圍稱作「奈米尺寸」。

病毒的大小約為 10 ~ 100 nm。

蛋白質分子大約幾 nm。

小

原子大約 0.1 nm。

原子核大約是 0.00001 nm（這個尺寸要稱作奈米尺寸又太小了）。

奈米的活用

那麼，為什麼「奈米」一詞會變成全世界的話題呢？那是因為如果讓材料或機械的尺寸精細到奈米尺寸時，就會產生各式各樣全新的特色或用途。比如說……

奈米的活用

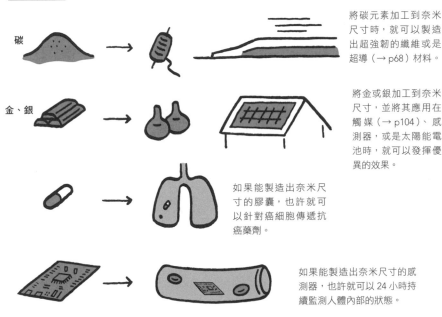

將碳元素加工到奈米尺寸時，就可以製造出超強韌的纖維或是超導（→ p68）材料。

碳

將金或銀加工到奈米尺寸，並將其應用在觸媒（→ p104）、感測器，或是太陽能電池時，就可以發揮優異的效果。

金、銀

如果能製造出奈米尺寸的膠囊，也許就可以針對癌細胞傳遞抗癌藥劑。

如果能製造出奈米尺寸的感測器，也許就可以 24 小時持續監測人體內部的狀態。

以上有些技術目前已經實現，也有一些是很多人正在醉心研究，還處在追求夢想的階段。一般認為，太空開發、能源產業、量子電腦（→ p78）或人工智慧（→ p76）等領域，都是因為利用了奈米科技而出現長足的進步。

另一方面，也有很多奈米材料的安全性目前尚未經過確認。某些奈米材料也有可能會對人體造成傷害，為求保險起見，最好是小心一點比較好。

因為「奈米」這個詞聽起來好像很厲害，所以市面上出現很多本身並不是奈米尺寸，但名稱上卻加上「奈米」的商品，希望各位對於這種誇大的宣傳多加留意。

連續中獎，真的可能嗎？

偶然與機率

　　你是否曾在抽籤時，看到有人一直連續中獎呢？你心裡或許會猜想，這該不會是用了某種作弊的手法吧？這種情況的確會讓人不由自主地如此聯想。不過對於抽籤這種以偶然來決定結果的事情，會發生這種結果可說是理所當然的。

　　舉個單純的例子——擲硬幣，來探討這種以偶然來決定結果的事情好了。投擲一個完全沒有動過手腳的硬幣一次，出現正面與反面的機率各占一半（都是 1/2）。如果第一次擲出正面，那第二次擲出正面與反面的機率分別會是多少呢？還是一樣都是 1/2。如果第一次擲出反面，擲第二次的機率一樣也是正反面各 1/2。也就是說，不論第一次擲出正面或反面，第二次擲出正面或反面的機率都不會改變。絕對不會因為這次擲出正面，下次就比較容易出現反面。

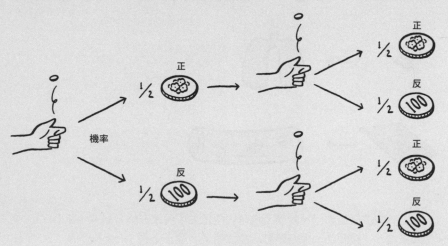

　　第 3 次以後也是一樣，不會因為先前出現過正面或反面，就讓接下來出現正面或反面的機率有所變化。仔細一想就知道這是理所當然的。因為硬幣自己不可能記得自己之前究竟是被擲出正面或反面啊。這種不會因為過去結果而使機率產生變化的行為，就稱作獨立試驗。

　　在獨立試驗條件下，以投擲硬幣兩次為例，兩次都出現正面的機率就是第一次出

現正面的機率 1/2，乘上第二次出現正面的機率 1/2，其結果如下。

$$\frac{1}{2} \times \frac{1}{2} = \frac{1}{4}$$

也就是説，如果有很多人一起投擲硬幣兩次，大約四人中會有一人連續 2 次都擲出正面。同樣的道理,，假如投擲 10 次，10 次都出現正面的機率如下。

$$\underbrace{\frac{1}{2} \times \frac{1}{2} \times \cdots\cdots \times \frac{1}{2}}_{10\ \text{回}} = \frac{1}{1024}$$

也就是説，如果有 1000 個人來嘗試，那麼大致上會有一個人連續擲 10 次都是正面。雖然你自己一個人擲硬幣很少會有 10 次連續正面，但如果很多人一起嘗試，其中有一個人連續擲出 10 次正面也不足為奇。

那麼，如果你自己一次又一次地擲硬幣，在這過程中也會有連續出現正面的狀況嗎？雖然這在計算上相當複雜，不過如果擲硬幣 100 次，連續出現 5 次以上正面的機率大約是 80%。擲硬幣 1000 次的話，約有 40% 的機率會連續出現正面 10 次。連續擲硬幣好幾次都出現正面，其實是一種還滿常見的現象。

以抽籤來説，每抽一次，抽籤機裡的籤珠就會少一個，抽到中獎珠的機率會因此漸漸產生變化，嚴格來説並不算是獨立試驗。不過，如果抽籤機裡的籤珠非常多，這種狀況也相當接近於獨立試驗。所以即使是抽籤，如果有很多人抽了一次又一次，會出現連續中獎的狀況也是理所當然的。

當事物與機率有關聯時，即使是直覺上感覺不太可能發生的事情，其實也可能是稀鬆平常。比如説，坐在你旁邊跟你搭話的人剛好跟你同一天生日之類的。發生這樣的事，難免會讓人感覺這世界上也許真的有幸運女神存在，但是用正確的思考方式去判斷的話，就會發現這其實一點也不足為奇。某個特定人士的生日跟你正好是同一天的機率確實很低，然而在你一生中，會坐在你身邊的人可能有幾千幾萬人，其中有幾個剛好跟你同一天生日，真的一點都不奇怪。

即使某件事情發生的機率很低，只要給予它足夠多次的機會，也會變得稀鬆平常，所以真的不需要認為這樣的事情是作弊，或者是神明的意旨。

電

Electricity

英文中代表「電」的單字 electricity 的語源，
是在希臘文中代表琥珀的 elektron。
只要摩擦琥珀就能製造靜電，
而帶有靜電的物體就容易吸附灰塵，
這是在西元前就已經發現的性質。
柏拉圖也留有相關記載。
另一方面，據說代表「磁」的英文單字 magnetism 的語源，
來自於出產在希臘或土耳其的 magnesia（氧化鎂）礦石。
這種石頭帶有磁力，且會吸引鐵，
就連亞里斯多德也曾針對磁力的性質發表過相關論述。

電荷／電場

【 Electric charge / Electric field 】

雖然有「儲存電力」或是「電流」之類的詞語存在，
但電並不是一種物質。
其實電的根源就是電子與質子都擁有的「某種性質」。

電力是什麼？

在電子（→ p33）與質子（→ p34）這樣的微小粒子中，具有「電荷」這種特性。電荷可以分為正電（Plus）與負電（Minus）兩種，電子帶有負電荷而質子帶有正電荷，而在具有電荷的粒子間，會產生一種力，叫做電力。

在具有正電荷與負電荷的粒子間產生的電力是彼此吸引的力，而在正電荷與正電荷之間，或者是負電荷與負電荷之間產生的，就是彼此排斥的力。

為電力性質賦予清楚定義的，是 18 世紀的法國物理學者庫侖（Charles Augustin de Coulomb），因此電力也被稱作庫侖力。

電力線與電場

利用「場」（→ p17）的概念來理解電力會比較簡單。我們可以想像，具有電荷的粒子周圍，有一種像是「氣」的東西散布在四周，稱作「電場」。有一種方法可以幫助我們理解電場的模樣，那就是「電力線」。電力線是許多條具有箭頭的曲線，只要注意這種電力線的流動方向，就可以了解為什麼擁有電荷的粒子會彼此吸引，或是彼此排斥。

電力線的作用

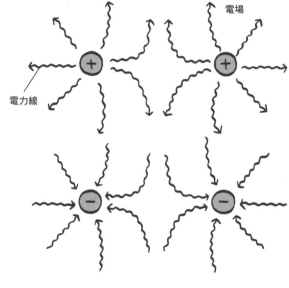

電場

電力線

電力線會從正電荷出發，終止於負電荷。在正電荷與正電荷之間，以及負電荷與負電荷之間，電力線會互相衝撞而彼此排斥。

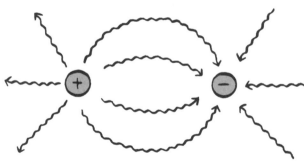

當正電荷與負電荷同時存在時，從正電荷出發的電力線會終止於負電荷，因此粒子之間就會像是被橡皮筋拉扯一樣彼此吸引。

想出電力線與電場概念的人，是 19 世紀的英國人法拉第，他本來只是一個沒有學歷的公務員，但最後卻成為留名青史的大科學家。

電能

　　如上所述，具有電荷的粒子會因為電力而與其他粒子彼此吸引或排斥，從而有所運動，因此它們是擁有能量（→ p18）的。因為有這種電能存在，電器產品才有辦法運作、作功，但如果要讓電器產品運作，就不能讓那些具有電荷的粒子只是靜靜待在那裡，而必須要讓那些粒子一個一個動起來，才有辦法達成這個目的（接續下一單元）。

電流／電壓／電阻

【 Current / Voltage / Resistance 】

所謂電的流動，
實際上到底是怎麼一回事呢？
用水流來比喻，就會比較容易理解了。

電的流動

在電線之類可以通電的物體裡，原本圍繞著原子（→ p32）的電子會有一部分脫離原先位置，在物體中四處漂流（這種電子就叫做「自由電子」）。

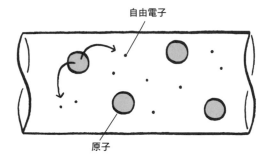

這種自由電子受到外力影響而一起往相同的方向移動，就能讓電在電線裡流動。

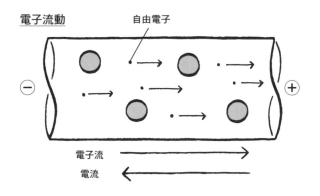

電子是從負極往正極移動，但是電流的方向卻是相反的，電流的定義就是從正極流向負極，這是因為在18世紀末，電子尚不為人知的時代，發明電池的義大利人伏打（Alessandro Volta）於當時如此定義的。雖然這樣的定義會令人感到混淆，但到了現在已約定俗成，也無法改變了。

電迴路

要持續地移動電子、讓電流動，就必須要讓電流路徑形成環狀，製造「迴路」，而且在迴路的某處還必須要有某種裝置去推動電子不停地流動。

電在迴路中流通

想像在有水流流過的水路裡，有電子在裡面載沉載浮，用這樣的方式思考，會比較容易理解。
把水吸往高處的泵浦，就相當於發電機或是電池，而利用水往下流動的動力來轉動的水車，就相當於馬達或電燈，而因為這個水路形成一個周而復始的迴圈，所以水才可以川流不息。

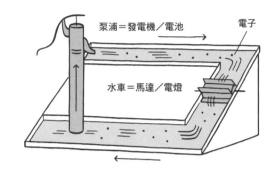

泵浦＝發電機／電池　　電子

水車＝馬達／電燈

Physics ｜ Electricity ｜ Chemistry ｜ Biology ｜ Geography ｜ Cosmology

想知道電子在電迴路裡如何流動，只要注意「電流」、「電壓」、「電阻」這三種數值就可以了。

在迴路裡的某一個位置，每一秒有多少電量通過，就稱作電流。電流的單位是安培（A）、一般電燈泡裡流通的電流大約是 0.1 A。

而發電機或是電池推動電子的力量究竟有多強，這種強度就叫做電壓。用水路來比喻的話，就相當於泵浦抽水之後所達到的高度。電壓是以伏特（V）這個單位來表示。一般乾電池的電壓是 1.5V。

在電線裡，原子等粒子就相當於障礙物，讓電子沒有辦法移動得很順暢，而電子移動的困難程度，就稱作電阻。如果電線裡的障礙物很多，使電子難以前進，就表示它的電阻大。電阻是使用歐姆（Ω）這個單位來表示。

只要知道電壓與電阻的數值，就可以利用電壓除以電阻來計算出電流的值，這是歐姆（Georg Simon Ohm）這位德國科學家在 19 世紀發現的定律，稱作「歐姆定律」。對於所有電迴路來說，這是最基礎的定律。

歐姆定律

如果泵浦的力量強　　水路又容易讓水流動　　水就會流動得很順暢

電壓（V）　　÷　　電阻（Ω）　　＝　　電流（A）

磁

【Magnetism】

其實電與磁之間有著無法分割的關聯性，
但是兩者間又有很大的差異。

磁力是什麼

　　磁鐵具有 N 極與 S 極，相同種類的磁極會彼此排斥，相反的磁極則會彼此吸引，就跟電力的正電荷、負電荷很像（→ p58）。因此，想像一下磁也擁有相當於電場與電力線（→ p58）的東西，就比較能夠掌握磁力的概念了，而這種東西就稱作「磁場」以及「磁力線」。

磁力線的行為

磁力線會從 N 極穿出，並進入 S 極。N 極與 S 極會彼此吸引，N極與 N 極以及 S 極與S 極間會彼此排斥。

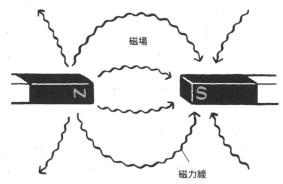

磁場

磁力線

　　對於電來說，具備正電荷與負電荷的粒子是分別存在的。然而，磁鐵必定同時有 N 極與 S 極成對存在，只有 N 極的磁鐵或只有 S 極的磁鐵並不存在。這就是電與磁之間的一大差異。

電會產生磁場

　　那麼磁場是怎麼產生的呢？其實磁場是電的流動所造成的。

Physics ｜ Electricity ｜ Chemistry ｜ Biology ｜ Geography ｜ Cosmology

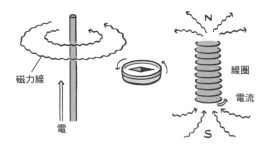

磁力線

電

線圈

電流

N

S

磁場的產生

當電在電線中流動時，就會在四周產生有如漩渦一般的磁場。此時讓指南針靠近電線，指針就會因而擺動，這就是有磁力產生的證據。

將電線捲成線圈狀並通電，就會形成類似圓柱形的磁鐵，這就是電磁鐵。而地球之所以有磁性，就是因為在地球中心（地核）有熔融的鐵存在，其中有電流動而形成電磁鐵的緣故。

電與磁的相關性是由 19 世紀的學者厄斯特（Hans Christian Ørsted）所發現，由安培（André-Marie Ampère）建立其理論，因此被稱作「安培定律」。

磁鐵與其他物質的差異

觀察磁鐵的內部

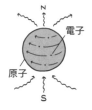

N

電子

原子

S

磁鐵

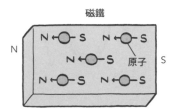

磁鐵以外

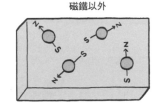

原子裡有電子盤旋、有電流在其中流動，因此許多原子都具有磁性。

在磁鐵內部，這樣的原子會全數依照相同方向排列，因此這些原子所形成的磁場就會彼此疊加，使整塊磁鐵都擁有磁性。

至於那些不是磁鐵的物質，其中的原子則朝著不同方向散亂排列，因此整個物體的磁力就會彼此抵消為零。

磁力會對鐵產生作用

鐵之所以會被磁鐵吸引，就是因為鐵的每一個原子都可以自由轉動，當磁鐵的 N 極靠近，鐵原子就會轉動，使自己的 S 極朝向磁鐵，產生足以彼此吸引的磁力。而當磁鐵的 S 極靠近時，也會發生相同的現象。

鐵

當磁鐵靠近

N

電與磁之間不只有以上的相關性，還有更密切的關係（接續下個單元）。

電磁／電磁波

【 Electromagnetism / Electromagnetic wave 】

電與磁擁有類似性質，而且彼此可以誘發對方產生，
因此可以把這兩種概念結合在一起思考，
而這就是現代電子學的基礎。

電磁感應

其實，當電場或磁場的強度產生變化時，會誘發產生其他的電場與磁場。

磁與電會彼此誘發另一方產生

將磁鐵靠近或遠離電線時，會因此產生電場，使電流在電線裡流動。這是法拉第（→ p59）所發現的現象，稱作「電磁感應」。同樣的，電場強度有所改變時，在其周遭就會產生磁場。

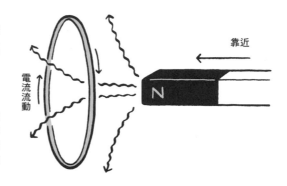

靠近

電流流動

IH 調理爐（一種電磁爐）就是利用讓電流改變的方式來產生磁場，這種磁場的變化會使電流在鍋具的鐵之中流動，電流會產生熱，從而加熱鍋子裡的食物。

發電機

只要利用電磁感應，就可以透過施力來發電。

發電機的原理

轉動位於磁場環境下的線圈，就會使穿透線圈內部的磁場產生變化，並產生電流。

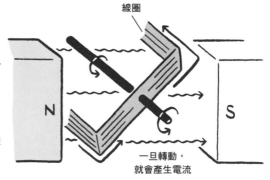

線圈

一旦轉動，
就會產生電流

發電廠就是利用這種原理來發電。

電磁波

而且，電場與磁場也可以彼此不斷影響相互產生。

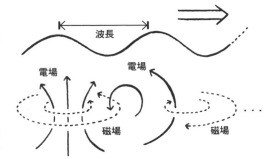

波長　**電場**　**電場**　**磁場**　**磁場**

電磁波

一旦電場有所變化，周遭就會產生磁場，而這種磁場變化又會在周遭產生電場，如此周而復始地持續重複下去，電場與磁場就會彼此交互產生，不斷傳播出去。

　　因為這種傳播模式類似於水的波動，所以這種現象就被稱作「電磁波」。其實光的真面目就是這種電磁波。以肉眼可以看見的光（可見光）來說，它的電磁波波長大約 0.0005 mm（500 nm）。

　　不只是可見光，無線電波、微波、紅外線、紫外線、X 光等都是電磁波的一種，只是其波長與能量各有不同，因此性質亦不同。

各式各樣的電磁波

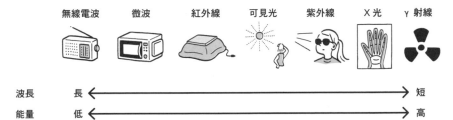

無線電波　微波　紅外線　可見光　紫外線　X 光　γ 射線

波長　長 ⟵─────────────────────⟶ 短
能量　低 ⟵─────────────────────⟶ 高

無線電波的波長較長，可以繞行穿越障礙物，這就是為什麼無線廣播的訊息可以傳遞到被大樓遮蔽的位置。
微波與紅外線的波長正好可以讓水分子劇烈振動，因此可以加熱食品與人體等含有水的物體。
紫外線擁有足以破壞人體內蛋白質與 DNA 等物質的能量，因此人體會透過讓皮膚變黑的方式來避免紫外線進入。
X 光具有強大能量可以穿越物體，這就是為什麼可以利用 X 光來拍攝人體內部影像的原因。

　　物理學家馬克斯威爾（James Clerk Maxwell）只利用 4 條方程式，就囊括了以上所提及的所有電磁性質，這 4 條方程式就稱作「馬克斯威爾方程式」，而現在之所以能夠透過各種不同方式應用電磁，都是因為有這些方程式為基礎的關係。

半導體／電晶體

【Semiconductor / Transistor】

半導體與電晶體是以電腦為首的所有現代電子產品都會使用到的零件，
但它們究竟是什麼、究竟有什麼樣的原理呢？

導體與絕緣體

導體是什麼？

像是銅、銀、鋁等可以讓電流順暢流過的物質都稱作「導體」。在導體內部，存在著許多從原子裡漂流出來的自由電子（→ p60），因此電可以很順利地在導體中流動。另外，自由電子可以將原子的振動傳達到很遠的地方，因此導體也比較容易傳遞熱量（熱就是原子的運動（→ p38））。而且，自由電子會阻擋光線並將其反射，所以導體會有閃亮的光澤。

導體

自由電子

原子振動

自由電子

光

阻擋

自由電子

另一方面，像是空氣、紙、橡膠等無法流通電力的物體，就稱作「絕緣體」。它們之所以無法讓電力流通，是因為電子不會從原子裡跑出來。但即使是絕緣體，一旦施加高電壓，有時也會有電流一口氣流通過去，比如雷電就是在空氣中發生的放電現象。

半導體是什麼？

半導體的結構

電子零件中使用的矽元素（Silicon）（→ p106），其電子是在原子與原子之間跳躍移動，電阻（→ p61）較大，因此只會有少許電流在其中流動，這種物質就稱作半導體。

半導體

原子

電子跳躍移動

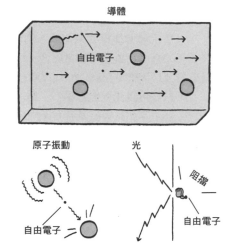

在半導體中加入少量的摻混物，就會產生性質不同的材料。

如果在矽元素裡添加微量的磷元素，就會增加少數多餘的電子，使電更加容易流動，這就稱作「N 型半導體」（N 是 Negative，負電荷的「負」的縮寫）。

如果在矽元素裡添加微量的硼元素，就會造成一種缺乏少數電子的狀態，並產生一種沒有電子存在，有如孔洞一樣的空位（稱作「電洞」），這種電洞的移動可以造成電的流動，這就稱作「P 型半導體」（P 是 Positive，正電荷的「正」的縮寫）。

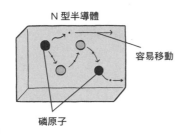

N 型半導體

容易移動

磷原子

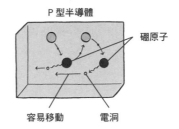

P 型半導體

硼原子

容易移動　　電洞

電晶體的原理

廣泛應用在各類電器產品中的電晶體，就是利用半導體性質的一種電子元件。

電晶體是在 1948 年由美國的巴丁（John Bardeen）和布萊頓（Walter Brattain）所發明，其運作原理則是在次年由他們的老闆蕭克利（William Shockley）所解開。

電晶體

電晶體是由兩個 N 型半導體夾住較薄的 P 型半導體所構成（這種類型的電晶體稱作 NPN 型電晶體）。在稱作射極與基極的電極之間通電後（此電流稱作基極電流），由於 P 型半導體的部分較薄，因此大部分的電子會因為電壓影響而流向集極，使得射極跟集極之間產生很大的電流（此電流稱作集極電流）。

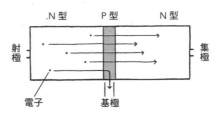

因此只要稍微改變基極電流，就可以使集極電流產生很大的變化。利用這種性質，就可以增幅電子訊號，或是進行各式各樣的計算。

相對地，也有用兩塊 P 型半導體將 N 型半導體薄片夾起來所形成的電晶體，也就是 PNP 型電晶體。

電腦的 CPU 以及記憶體等，都是將數量龐大的電晶體緊密塞進小小晶片裡的產品，可以說半導體就是支撐現代生活的一種存在。

超導

【 Superconductivity 】

一旦溫度降到極度低溫時，即使是日常生活中的物質，
也會展現出量子力學（→ p37）的特性，產生不可思議的現象。
而這種不可思議的現象也會對你我生活的周遭社會有所貢獻。

絕對零度是什麼？

所謂的溫度，就是原子運動的劇烈程度（→ p39），原子的運動程度越小，溫度就越低。而當原子最後完全靜止時，溫度就會降到最低，這個溫度就稱作「絕對零度」，以攝氏溫度來表示的話，大約是 -273℃。

絕對零度的世界

在絕對零度下，原子是靜止的

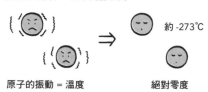

約 -273℃

原子的振動 = 溫度　　　　絕對零度

正確來說，即使在絕對零度下，物質還是會進行量子力學裡最低限度的振動。

沒有比絕對零度還低的溫度，因為不可能會有比完全靜止的狀態還要微弱的運動狀態。-500℃或 -1000℃等溫度絕對不存在，這就就是所謂的「熱力學第三定律」。

將絕對零度（約 -273℃）以 0K（克爾文）來表示的溫度單位稱作絕對溫度。使用這個單位，所有溫度都可以以正值來表示，0℃約為 273K，而 100℃則相當於約 373K。

超導

將水銀降溫至 -269°C 以下後，它的電阻（→ p61）就會突然間變成 0，讓電流不受限制、暢行無阻。這是荷蘭人昂內斯（Heike Kamerlingh Onnes）在 1911 年發現的現象，稱作「超導」（大概就是電流「超級」順暢的意思吧）。除了水銀以外，還有很多種可以發生超導現象的物體（超導體），幾乎都是在接近絕對零度的超低溫條件下才能產生超導現象。

空中飄浮

將發生超導現象的物體放在磁鐵上，它就會輕飄飄地飄浮在空中。這是由邁斯納（Walther Meissner）在 1933 年發現的現象，稱作「邁斯納效應」，只靠一般的磁鐵是無法產生這種效果的。

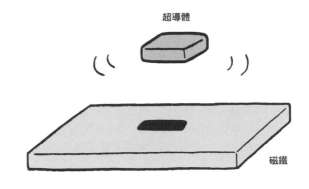

超導體

磁鐵

那麼，超導現象究竟是怎麼產生的呢？

電子對

在超低溫條件下，因為量子力學的原理，電子會組成兩個一對的電子對（稱作「庫柏對」）。這種電子對在運動時可以無視於任何障礙物，因此電阻才會降低為 0。

電子

1986 年，發現了一種類似陶瓷材質的氧化物，可以在相當高的溫度（雖說高，也是 -200℃左右的低溫）下發生超導現象，稱作「高溫超導」，目前則已經找到能在約 -140℃下產生超導性質的物質。

超導的應用

在電阻為零的狀態下，可以流通非常大的電流，所以只要使用超導體，就可以製造出超強的電磁鐵，這樣的超導電磁鐵目前已經應用在 MRI（磁振造影）等醫療診斷裝置以及線性馬達車等用途上。一般認為，未來超導也將成為核融合爐中不可或缺的技術之一。

另外，利用超導體來製作電線，或許就可以在毫無損耗的狀態下長距離輸電，或是半永久性地儲存電力。但是以現階段來說，不將溫度降低到相當低，就無法產生超導現象，因此要實際運用還有其困難。如果發現了在常溫下也可以產生超導現象的物質，或許就可以一舉解決電力問題，使人類社會產生關鍵性的變革。

雷射

【Laser】

雷射會應用在 DVD 與條碼讀取機上
在光纖通訊、精密加工與精密測定等尖端領域中也有活用雷射。
雷射光會被視若重寶，不只是因為它的光線強度而已，
而是因為它具有某種特別的性質。

雷射光是什麼？

在太陽光或螢光燈等光線中，都有波長較長的電磁波（→ p65）與波長較短的電磁波混雜其中，而且電磁波抵達被照射物體的時間並不一致，透過三稜鏡來觀察它的光譜（→ p30）就可以發現，其中的波長範圍很大。

相對來說，雷射光則只有一種電磁波聚集在一起，波長全部都相同，而且電磁波抵達被照射物體的時間點也完全相同。如果從光譜來觀察，就只會有一條明亮的譜線，其他部分完全都是黑暗的。

因為雷射光擁有這種特別的性質，所以可以聚集成一束纖細的光線，可以在不擴散的狀態下直線前進，射向遠方，也可以形成非常強大的光線。

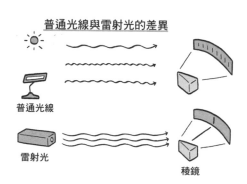

普通光線與雷射光的差異

普通光線

雷射光

稜鏡

雷射裝置的原理

那麼雷射光是怎麼產生的呢？雷射裝置裡採用了特殊的材料，像是混雜了金屬的藍寶石，或者某種半導體（→ p66）等，對這種材料施加電壓後，所有的原子都會整齊劃一地轉變成相同的狀態。在這種狀態下，位在邊緣的原子一旦受到微弱的光線刺激，就會在相同時機下發出波長完全相同的電磁波，而在該原子周遭的原子也會一個又一個地重複相同的行為，最後結果就是大量發射出完全相同的電磁波。

產生雷射的裝置

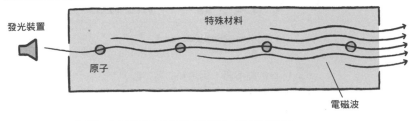

發光裝置

特殊材料

原子

電磁波

在實際裝置中，會利用兩面鏡子讓光線不斷重複來回，藉以增加距離。

可以應用在哪裡

　　光纖通訊是利用光線代替電流來傳遞資訊，其中也應用了雷射光。在光纖裡，電磁波的速度會隨著波長變化而改變，因此有許多不同波長的光混合在一起的普通光線，其訊號會在光纖裡隨著光線前進而逐漸擴散，使訊號變得模糊。但是因為雷射光僅由單一波長的電磁波構成，即使前進了很長的距離，它的訊號也不會模糊，可以確實將資訊傳遞到目的地。

使用雷射光進行宇宙探索

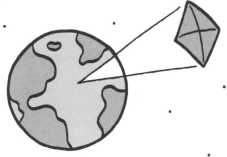

雷射光說不定也可以用來進行宇宙探索，先讓飛離地球的探測機漂浮在宇宙空間中，再從地面上發射強大的雷射光讓它加速。這樣探測機本體不需要搭載燃料，還可以加速到接近光速的速度。甚至還有一種遠大的構想是要利用這種方法，讓探測機飛行到距離地球 4 光年（→ p186）處的恆星：比鄰星。

LED（發光二極體）

【 Light emitting diode 】

因為 LED 的亮度高，但消耗的電力低，
所以在照明、大型螢幕以及交通號誌等用途也開始採用。
LED 也跟電晶體一樣，是有了半導體才能實現的技術。

發光的半導體

所謂的 LED，就是「發光二極體」的縮寫。二極體就是以半導體製造的一種電子零件，它具有一種只能讓電流單向流通的性質。一般的二極體是不會發光的，但以特別的半導體製造的二極體會在導通電流後發出特定顏色的光。

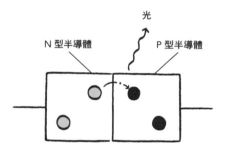

光

N 型半導體　　　　P 型半導體

LED 的原理

LED 的結構是由 N 型半導體與 P 型半導體（→ p67）緊貼在一起所形成。只要施加電壓，就可以讓 N 型半導體中的電子移動到 P 型半導體的電洞裡，將其填滿，這時電子的能量會有所殘餘，並且轉化成光線。因為這種能量不會轉換成熱能，所以 LED 不會發熱，不會無謂地浪費電能。

LED 發光的顏色會因半導體材料的種類不同而不同，如下表所示。

半導體種類與發光顏色

紅色	鋁鎵砷（AlGaAs）
黃色	鋁銦磷化鎵（AlInGap）
藍色	銦氮化鎵（InGaN）

紅　藍　綠

因此無法利用單一 LED 發出各式各樣的光線。

藍色 LED 的開發

因為 LED 可以發出明亮的光線，因此把大量 LED 排列在一起，就可以做成室外用的大型螢幕。但是要顯示彩色畫面，就必須跟液晶顯示器一樣，發出紅綠藍三種原色的光線，因此要有這三種顏色的 LED。另外，想要利用 LED 製造出照明器具，也必須要以紅、綠、藍三色光線混合成白色光（→ p30）。

紅色與綠色的 LED 在很久以前就已經開發出來了，然而可以發出藍光的半導體（InGaN）原子間隔跟作為 LED 基板材料（藍寶石）的原子間隔差異太大，彼此配合度很差，難以在基板上製造出均勻的 InGaN，因此就只有藍色的 LED 一直難以實現。

通往諾貝爾獎之路的靈感

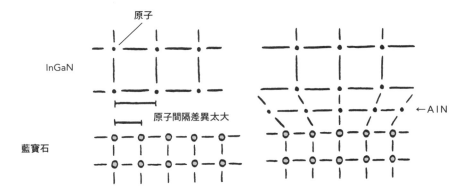

時候，赤崎勇跟天野浩想到了可以在 InGaN 與藍寶石之間，夾進一層原子間隔在二者之間的氮化鋁（AlN）材料，作為緩衝，並成功地在基板上製造出高品質的 InGaN。接下來，中村修二也開發出可以將其大量生產的劃時代製程。這樣一來，藍色 LED 就得以在 1990 年代實用化，使 LED 的用途大幅增加。現在，藍色 LED 已經遍及各種相關領域的應用中，赤崎、天野、中村也因為這個貢獻在 2014 年獲得了諾貝爾物理獎。

太陽能電池

【 Solar cell 】

太陽能電池同樣也是應用了半導體的裝置，
因為它被當作是解決能源問題的王牌，所以備受重視，
即使到了現在，它的技術還在持續進步中，
說不定未來會發展出超乎想像的運用方式。

使用太陽的能量吧

像是太陽能板這樣，只要照射光線就可以產生電力的裝置，叫做「太陽能電池」。從太陽照射到地球上的能量大約有 18 京瓦特（→ p21），超過目前全球總能源供應量的一萬倍，即使扣除空氣所吸收的部分，每一平方公尺的地面也能接收到大約 1000 瓦特的太陽能，實在沒有理由不去利用這種能量。

太陽能電池是以 P 型半導體與 N 型半導體（→ p67）的薄板貼在一起所構成的，基本上跟 LED（→ p72）是相同結構。LED 是利用電來產生光，但太陽能電池卻是利用光來產生電。LED 與太陽能電池的功能正好相反。

在科學與工業的世界裡，「如果 A 可以產生 B，那麼 B 也可以反過來產生 A 嗎」是一種很自然的聯想。

太陽能電池的原理

當光線照射在 P 型半導體與 N 型半導體的交界面時，光的能量就會使電子（→ p33）從原子裡飛出來，同時也會產生「電洞」（→ p67）。飛出的電子會累積在 N 型半導體這邊，而電洞則會累積在 P 型半導體這邊。這時只要利用迴路將兩邊連接在一起，就可以讓電子在迴路裡不斷流動，產生電流。

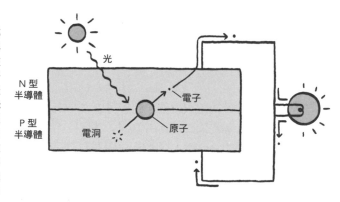

光

N 型半導體

P 型半導體

電子

電洞

原子

一般太陽能電池裡使用的半導體是以矽元素（→ p106）所構成，因為其他半導體元件中也多半會使用矽，所以目前已經有相當成熟的製造技術，價格也便宜。住宅用太陽能板或太陽能發電廠裡使用的太陽能電池，幾乎都是矽製造的。但是矽本身捕捉光線的能力並不好，如果不製造成一定厚度以上的板狀結構，就無法提升其效率，因此這種太陽能電池就會比較重，並且難以彎曲、難以依照喜好設計成所想要的形狀。

各式各樣的太陽能電池

矽　　　　　　　　　　CIGS　　　　　　有機半導體

因此，最近也有在開發矽以外的半導體材料所製作的太陽能電池。其中，CIGS 型太陽能電池可以在僅有千分之幾公釐的超薄厚度下發揮出高效率，因此備受期待。另外，目前也在開發可以透過塗布塗料的方式，來讓所有物體都變成太陽能電池的有機半導體塗料，說不定未來只要在牆上塗上塗料，就可以讓牆壁變成太陽能電池呢。

CIGS 指的是在這種太陽能電池裡使用的元素，包括銅（Cu）、銦（In）、鎵（Ga）以及硒（Se）的字首縮寫。

歷史與問題

真的能實際派上用場的太陽能電池，是在 1955 年左右由美國的貝爾實驗室所開發出來。後來日本也積極推動研究開發，到了 2005 年，日本已經擁有全世界一半以上的市占率，但是之後被中國等地的製造商一一超越，目前已經落後到市占率 10% 左右了。

太陽能電池也有它的缺點，那就是只有在出太陽時才能使用，不但無法在夜間發電，也會受到天候影響，無法穩定供應電力。另外，太陽能發電的成本還是很高，增加太陽能發電廠就會使電價上漲，而且太陽能發電廠需要廣大的土地，所以也無可避免地會造成環境破壞。不論是怎樣的發電方法都有其優缺點，將既有的發電方法納入考量，搭配多種發電方法加以利用，才是最重要的方式。

人工智慧

【 Artificial intelligence 】

幾乎每天都會在新聞報導裡聽到 AI 這個詞，
聽起來就像科幻小說一樣地不可思議，
希望各位可以理解它的原理。

會思考的機器？

　　進入 21 世紀後，電腦的性能提升，跟人腦一樣可以學習、推論、判斷的電腦，也就是人工智慧的概念終於變得比較貼近現實了。現在也已經逐漸能讓電腦自動進行某些工作，像是影像辨識、自動翻譯以及語音辨識等。

　　雖然以現階段來說，還是必須針對不同領域有各自專屬的系統，但說不定總有一天，電腦真的可以像人腦一樣，由單一系統來完成各式各樣的工作。

深度學習

　　「Deep Learning」（深度學習）這種強而有效的方式，是現今人工智慧技術背後的基礎。這種方法會把龐大的資料分成數階段進行統計分析，在程式上模擬人腦的行為。

　　比如說，假定我們的目標是要從臉部照片中辨識出某個特定人物（右圖）。

　　首先，在第一階段的程式模組裡，儘量把照片分門別類，再利用這些分類資訊進行下一階段的作業。在第二階段的程式模組中，再更進一步把照片作出分類，再利用這些分類資訊進行下一階段的作業，以此類推，不斷重複這樣的過程。

　　利用這種方法得到辨識的結果後，再拿去跟正確答案作比較。在一般狀況下，幾乎不可能第一次就得到正確解答，這時候就需要調整各個階段的程式模組，再從第一輪開始重新來過。就這樣一次又一次地重複嘗試，所得到的結果就會漸漸開始接近正確答案。等到一切大功告成，即使把辨識目標換成一張新照片，也幾乎能找出正確答案。

臉部識別的原理

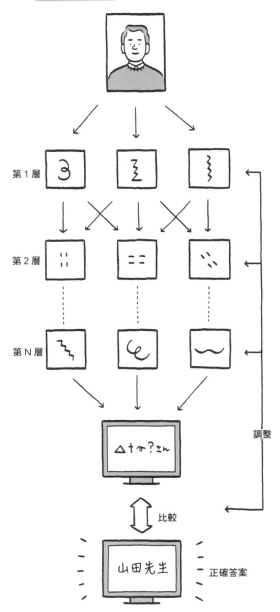

第1層

第2層

第N層

調整

比較

正確答案

在每一階段程式模組中，實際上究竟做了什麼，這是任何人都不知道的，因為這整個程序只是一次又一次地加以調整，想辦法產生正確的結果而已。人工智慧的內容物可說就是一個「黑盒子」。

所謂「深度學習」的「深度」，指的就是它的程式模組有很多層。

人工智慧的未來

有一種說法認為，如果持續進步下去，人工智慧總有一天會超越人類。未來學家雷蒙德·庫茲維爾（Ray Kurzweil）把人工智慧超越人類的那個時間點稱作「奇異點」。這個詞的意義，代表「無法再回頭的點」，其中也包含了「一旦人工智慧超越人類後，一切就再也無法回到過去了」的意義。

有人認為，如果奇異點發生了，人類就能迎向光明的未來。相對地，也有人認為那將會使人類面臨絕滅。另外也有人認為，人工智慧根本不會進步到那種程度，奇異點永遠不會到來。到底哪種說法才正確呢？不等到那一天，應該絕對無法確定吧。

量子電腦

【Quantum computer】

量子電腦的速度壓倒性地超越現在既有的電腦，
但是量子電腦的技術目前還沒有實現。
量子電腦不只是處理速度快而已，其原理從根本上就有所不同，
而它的關鍵就是「量子」。

既有電腦的原理

資訊的表示方式

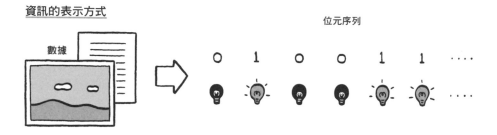

不論是文字、影像或其他任何資訊，都可以替換成 0 與 1 的序列加以表示。這種 0 與 1 就被稱作「位元」。在既有的電腦中，定義以電流流通的狀態代表 1，以電流停止來代表 0，利用電流的通路／斷路來表示位元的序列。要進行計算或影像處理時，就是透過各種方式來操作這些位元。

如果要處理 100 萬筆數據，就必須先準備 100 萬筆的位元序列，並一一依照其順序加以處理（稱作序列運算），這種過程要需要非常漫長的時間。

如果利用量子概念的話

這時候，如果可以同時表現所有的位元序列，應該就可以一口氣解決處理時間過長的問題了，這就是量子電腦的概念。

量子電腦是利用量子的「量子疊加」（→ p36）性質，同時表現一個位元的 0 與 1 兩種狀態，這就稱作「量子位元」。

量子位元

比如說，事先設定好規則，把自旋方向（→ p36）向上的電子視作 1，向下的電子視作 0，並且讓電子處在自旋向上與向下的疊加狀態。將這種處在疊加狀態的電子排列在一起，就可以用同一個序列來同時表現多筆數據。

電子　　　量子疊加

1　　0

同時是 1
也是 0

數據 1

數據 2

數據 3

數據 4

大量的數據

以量子位元統整在一起

因此，只要操作這一列量子位元序列一次，就可以同時處理所有數據（稱作「平行運算」），不論數據到底增加多少，處理時間也不會改變。

量子位元的英文是「Qubit」，其中的「Qu」來自於「量子」的英文 Quantum 的開頭。量子位元不僅可以利用電子表現，也可以利用光子或原子核加以表現。

如果這種技術實現了

以現階段而言，可以實用化的量子電腦尚未完成。如果未來可以讓量子電腦普及化，就可以在短時間裡處理數量龐大的所有數據。比如說，人工智慧所使用的深度學習手法（→ p76）就必須同時處理多筆影像等龐大的數據，目前是以並聯多台大型電腦的方式加以處理，但如果是量子電腦，只要有一台應該就可以瞬間完成了。

量子疊加是一種非常容易遭受影響的狀態，只要有一點雜訊存在就會破壞這種狀態。因此量子電腦的開發極度困難，不過目前全世界都在拚命努力進行研究。

加拿大有一間叫做 D-wave 的公司已經開始販售號稱量子電腦的產品，但其實該產品的原理與量子電腦不同，究竟有什麼樣的性能也不是很清楚。

量子遙傳

【 Quantum teleportation 】

遠距傳送這回事，根本是科幻小說才有的情節。
不過如果單純只是要傳送資訊的話，
最近確實已經利用量子力學的原理實現遠距傳送了。
這到底是如何做到的呢？

資訊的遠距傳送

假設我們把文字與影像等某種形式的資訊轉換成 1 與 0 的位元
（→ p78），並且利用電子的自旋狀態來加以表現。

利用電子來表現資訊

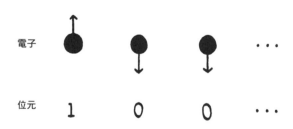

只要把這種電子的自旋狀態傳達到遠方，就可以讓這些資訊移動（遠距傳送）到目的地。想達成這個目的，就要利用「量子糾纏」（→ p36）這種不可思議的量子力學性質，也就是相距遙遠、分隔兩地的電子間可以像是有超能力感應般地彼此連結。

愛因斯坦一直都主張，像是量子糾纏這種不可思議的現象是不可能存在的。但是在 1964 年，CERN（歐洲核子研究組織）的貝爾（John Stewart Bell）利用數學方式證明了量子糾纏確實存在。

量子遙傳

愛麗絲是紀錄原始資訊的電子（A），而她想把這些資訊移動到鮑伯那裡。

首先，把處在量子糾纏狀態下的兩個電子（B與C），分別給愛麗絲與鮑伯一人一個。

愛麗絲

鮑伯

愛麗絲透過某種操作方式，讓電子B跟紀錄原始資訊的電子A產生量子糾纏狀態。

這樣一來，鮑伯的電子C也可以在一瞬間與愛麗絲那邊的電子A形成量子糾纏的狀態，得到與原始資訊相同的資訊紀錄。

此時愛麗絲所擁有的資訊將會消失。從結果來看，就是愛麗絲所擁有的資訊移動到了鮑伯那裡。這種資訊移動與普通的通訊不同，不論距離有多遠，資訊都能瞬間移動。這就是量子遙傳。

在量子技術的世界裡，時常使用愛麗絲與鮑伯這樣的名字作為代稱，應該是因為這種稱呼比單純稱作 A 小姐、B 先生感覺更親切一點吧。

量子遙傳的原理是在 1993 年由班奈特（Charles Henry Bennett）等人所發想出來的。1997 年，奧地利學者蔡林格（Anton Zeilinger）等人在實驗上獲得部分成功，接下來 1998 年，當時身在加州大學的古澤明研究團隊則實現了完整的量子遙傳。

只要量子遙傳可以實用化，應該就可以達成遠距離的高速通訊。目前已經成功利用光纖在相距 100 公里的地方完成傳送量子狀態的實驗，說不定未來的通訊網路將會是以量子遙傳建構的。

Physics ｜ Electricity ｜ Chemistry ｜ Biology ｜ Geography ｜ Cosmology

買彩券真的可以賺到錢嗎？

期望值

買彩券真的有辦法賺到錢嗎？彩券的中獎號碼是利用電腦隨機抽出所決定的，所以會不會中獎完全由偶然決定，能否賺到錢這件事誰也不知道，這就是所謂的運氣。

不過，平均來說可以獲得多少中獎金額，則可以利用數學計算出來。比如說，假設有一種彩券要價每張 100 日圓，全部共發售 1,000 萬張，而獎金與中獎張數如右表所示。

頭獎	1億日圓	5張
二獎	10萬日圓	100張
三獎	100日圓	10萬張

如果你一個人買下所有彩券，那麼你一定會中 5 張頭獎、二獎也會中 100 張，這不會受到運氣或是偶然的影響，在開獎以前就可以完全確定你所能獲得的金額。金額如下。

1 億日圓 × 5 張 + 10 萬日圓 × 100 張 + 100 日圓 × 10 萬張 =
5 億 2000 萬日圓

把 1000 萬張彩券通通都買下來才能獲得這麼多獎金，所以平均每一張彩券能獲得的獎金就是

5 億 2000 萬日圓 ÷ 1000 萬張 = 52 日圓

也就是說，花了 100 日圓買一張彩券，可以獲得 52 日圓的獎金，這個數值就被稱作期望值，意思就是你可以期待獲得這麼多的獎金。

如果真的買下所有彩券，每一張彩券確實可以獲得與期望值相同的獎金。但事實上，沒有人會買下所有彩券。因此，把張數稍微減少一些，假設買了 1000 萬張中的一半，也就是 500 萬張，這樣會如何呢？這樣一來，可以獲得的獎金就會受到偶然的影響，說不定中獎彩券全部都在這 500 萬張裡，那就可以一口氣拿到所有的獎金。反過來說，也有可能這 500 萬張全部槓龜，一毛錢都得不到。但不論是以上哪種狀況，應該都不太容易發生，這時候我們應該可以自信的說，在這種狀況下可以拿到的獎金大約會是總獎金的一半，也就是 2 億 6000 萬日圓左右。也就是說，還是可以當作是每一張彩券會拿到 52 日圓的獎金。

可是，如果我們把買彩券的張數再減少一些呢？如果最後變成只買一張而已，那麼是否中獎就會受到偶然因素的強烈影響。說不定會中頭獎，也說不定會槓龜。但如果有 1000 萬人分別買了一張彩券，每一個人（一張彩券）平均可以獲得的獎金還是 52 日圓。所以說，只買一張彩券，你自己可能拿到的獎金也一樣是 52 日圓。當然彩券的獎金並沒有 52 日圓這一個獎項，所以事實上你也不可能拿到 52 日圓，但是平均來說，你可以期待你所能得到的金額是 52 日圓左右。

這樣一來，即使是完全由偶然左右的彩券，你也可以期望自己能夠拿到的平均金額，等同於期望值的金額。只要知道獎金與中獎張數，就可以利用上述方式計算出期望值，然後比較期望值（在這個例子裡是 52 日圓）與每一張彩券的價格（100 日圓），來判斷你是不是有可能賺到錢。以上面的例子來說，即使花了 100 日圓去買彩券，也只能得到平均 52 日圓的獎金。當然運氣好的話有可能中頭獎、賺大錢，但是平均來說其實是虧的。

實際上在日本發售的彩券，規定期望值不可以超過 50%，也就是說，花在彩券上的錢有一半以上是拿不回來的，所以這不是一種確定可以賺到錢的方法。當然思考事情的觀點因人而異，有些人是抱持著買夢想的心態，也有人認為買彩券的錢拿去用在振興地方經濟也不錯。但平均來說，買彩券是不會賺錢的，這點希望各位要記住。

化學

Chemistry

在日文裡，「化學」與「科學」的發音都是「kagaku」，所以很容易造成混淆，漢字誤植的狀況也時常發生。

在江戶幕府末期，化學一詞是以「舍密」（seimi）的漢字來表示（荷蘭文 chemie 的音譯）。然而，江戶幕府末期有一本著作《化學新書》，標題採用來自中文的翻譯「化學」，因此這個詞就漸漸普及了。

另一方面，科學這個詞則是明治時代由啟蒙家西周所翻譯，如果當時他選擇了一個日文讀音不同的詞就好了。

元素／同位素／化合物

【 Element / Isotope / Compound 】

這個世界上，物質的種類數之不盡，
而這些物質全部都是由固定種類的基本元素所組成，
這種概念從相當早的時代就已經存在。

物質觀的歷史

西元前希臘哲學家恩培多克勒（Empedocles）提出一種說法，認為所有物質都是由土、水、氣、火等四種元素所組成。雖然這只是一個單純在腦中空想出來的假說，卻受到亞里斯多德的推廣，使得這個說法廣受信仰，延續了兩千年以上。17 世紀時，英國人波以耳（Robert Boyle）提倡要透過確切的實驗來窮究物質的真相，所以氧以及氫等元素一個一個被發現。就這樣，到了 20 世紀初，就已經確立了與現今大致相同的元素概念。

原子的種類

原子是由中心的原子核跟散布在外的電子所組成（→ p32）。決定原子性質的，則是電子。電子數目不同時，原子的性質也會有所不同（電子的數目與原子核裡的質子數相同，因此也可以說原子的性質是由質子數目所決定）。因此，可以用原子擁有的電子數來區分原子的種類，這種分類就被稱作「元素」。元素的種類有 100 種以上。

元素的種類

電子

原子核

氫
只有 1 個電子的原子是「氫」元素。

碳
擁有 6 個電子的原子是「碳」元素。

鐵
擁有 26 個電子的原子是「鐵」元素。

鈾
擁有 92 個電子的原子是「鈾」元素。

原子中，也有一些是彼此的電子與質子數相同，但中子數卻不同的原子，這樣的原子會被歸類為相同元素，但這樣的原子彼此重量卻不相同。這種元素分類相同，但只有中子數量不同的物質，就稱作「同位素」。要區別同位素差異時，會利用質子量與中子量相加後的數字作區別，這個數字就稱作「質量數」，這個數字會被附加在該元素的名稱後方，舉例來說，像是「碳12」這樣。

在化學反應以及人體內的使用方式上，同位素幾乎沒有差別。但在同位素之中，可以區分成不具備放射性的安定同位素以及會放出放射線，並且發生衰變（→ p42）的不穩定同位素。

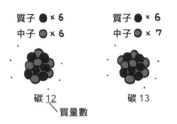

質子 ● × 6
中子 ● × 6
碳 12
質量數

質子 ● × 6
中子 ● × 7
碳 13

質子 ● × 6
中子 ● × 8
碳 14（不安定）

同位素

碳元素有三種同位素，其中只有碳14是不穩定同位素，其半衰期（→ p43）大約5700年，會衰變成氮。

純物質與化合物

比如說，鑽石是純粹由碳原子所構成，像這種僅由一種元素所構成的物質就稱作「純物質」。

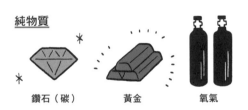

純物質

鑽石（碳）　　黃金　　氧氣

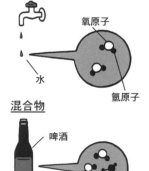

化合物

水
氧原子
氫原子

混合物

啤酒
有兩種以上的分子混合在一起

那麼水又是什麼樣的物質呢？氫原子與氧原子彼此結合而形成水分子，由這種單一種類的分子大量聚集在一起所形成的就是水。像這樣由單一種類分子（由數種元素的原子結合成）所構成的物質就稱作「化合物」。

不過，由兩種以上的分子混合在一起所形成的物質，可以用某些方式加以分離出其所含的不同分子，所以不能稱作化合物，而稱作「混合物」。比如說，酒就是由水與乙醇所混合的產物，不屬於化合物，而是屬於混合物。如果把酒放到火上加熱，酒精的部分就會蒸發掉，這就是酒屬於混合物的證據。

週期表

【 Periodic table 】

數十上百種的元素各自擁有自己的特性，
如果單純只是這樣，那就只是一群烏合之眾。
科學家就是會想把所有東西都分門別類，
因此產生的就是這張週期表。

將元素加以排列

決定原子種類，也就是決定元素種類的要素，就是該原子所擁有的電子數（→ p88）。這種電子數量被稱作該元素的「原子序」。依照原子序將元素依序排列，就可以製作出元素列表。

因為——寫出元素名稱實在太麻煩了，因此往往會使用一或兩個英文字母所構成的「元素符號」來代替。

元素名稱	元素符號	電子數（原子序）
氫	H	1
氦	He	2
鋰	Li	3
鈹	Be	4
硼	B	5
碳	C	6
氮	N	7
⋮	⋮	⋮

19 世紀時，俄國人門得列夫（Dmitri Mendeleev）在觀察這個列表後發現一件事，就是每隔 8 個元素，就會出現類似性質的元素，因此門得列夫就每隔 8 個元素，將元素列表換行，讓具有類似性質的元素可以直向排在同一列。接下來，再更進一步調整後，就完成了類似下頁的表。這就是依據週期將元素排列在一起的表格，也就是所謂的「週期表」。

週期表

族＼週期	1	2	3	4	5	6	7	8	9	10	11	12	13	14	15	16	17	18
1	1 H																	2 He
2	3 Li	4 Be											5 B	6 C	7 N	8 O	9 F	10 Ne
3	11 Na	12 Mg											13 AL	14 Si	15 P	16 S	17 Cl	18 Ar
4	19 K	20 Ca	21 Sc	22 Fi	23 V	24 Cr	25 Mn	26 Fe	27 Co	28 Ni	29 Cu	30 Zn	31 Ga	32 Ge	33 As	34 Se	35 Br	36 Kr
5	37 Rb	38 Sr	39 Y	40 Zr	41 Nb	42 Mb	43 Tc	44 Ru	45 Rh	46 Pd	47 Ag	48 Cd	49 In	50 Sn	51 Sb	52 Te	53 I	54 Xe
6	55 Cs	56 Ba	57～71 鑭系元素	72 Hf	73 Ta	74 W	75 Re	76 Os	77 Ir	78 Pt	79 Au	80 Hg	81 Tl	82 Pb	83 Bi	84 Po	85 At	86 Rn
7	87 Fr	88 Ra	89～103 錒系元素	104 Rf	105 Db	106 Sg	107 Bh	108 Hs	109 Mt	110 Ds	111 Rg	112 Cn	113 Nh	114 Fl	115 Mc	116 Lv	117 Ts	118 Og

標示：原子序、元素符號

鑭系元素（57～71）	57 La	58 Ce	59 Pr	60 Nd	61 Pm	62 Sm	63 Eu	64 Gd	65 Tb	66 Dy	67 Ho	68 Er	69 Tm	70 Yb	71 Lu
錒系元素（89～103）	89 Ac	90 Th	91 Pa	92 U	93 Np	94 Pu	95 Am	96 Cm	97 Bk	98 Cf	99 Es	100 Fm	102 Md	102 No	103 Lr

縱向的排列稱作「族」，而橫向排列則稱作週期。以第二週期與第三週期來說，就與門得列夫最一開始想到的一樣，每 8 個元素換行一次。鑭系元素與錒系元素本來應該要插進第三族與第四族中間，但如果這樣排列的話，表的橫寬就會太寬，為了節省空間，一般都會把這兩族元素放到週期表外的位置。

實際上，門得列夫排列元素表的方式不是依照原子序，而是依照原子量（單一原子的重量）。

判斷元素的性質

觀察週期表，就可以判斷出各種元素的各種性質。首先，就如門得列夫所想的一樣，在直行排列著性質類似的元素。另外，原子序越大，單一原子的重量就越重，因此週期表越上方的元素就越輕，越下方的元素就越重。而且…

○右上方聚集著像是氮（N）、氧（O）等常溫下是氣體的元素。
○從正中間到左方排列著鎂（Mg）以及鐵（Fe）等金屬元素。
○存在於自然界的元素只到原子序 92 的鈾（U）為止（原子序 43 的鎝（Tc）以及原子序 61 的鉕（Pm）除外）。最下方的部分通通都是人工合成的元素，這些人造元素是利用加速器來讓兩種較輕的原子對撞而產生的。

仔細觀察可以發現，第 11 族之中有銅（Cu）、銀（Ag）、金（Au）等常作為獎牌材料的金屬縱向排列在一起。而在週期表右下方，原子序 113 的元素就是曾經引發話題的第一個由日本合成的元素鉨（Nh）。

在東京的國立博物館等地，展示著以真正元素（純物質）排列在一起而做成的週期表，相較於單純的符號排列，這樣的週期表應該會更令人感到親切。

酸／鹼／中和

【Acid / Alkali / Neutralization】

物質溶解於水中，可能會變酸或變苦，
這都是因為存在特殊的離子。

酸是什麼？

醋為什麼會有酸味呢？醋就是一種叫做醋酸的化合物溶解在水中
所形成。水中的醋酸分子會解離成擁有正電荷（→ p58）的氫離子，
以及具有負電荷的醋酸根離子，這種溶解在水中就會解離出氫離子的
物質就被稱作「酸」。

把酸溶解到水中之後

醋酸分子

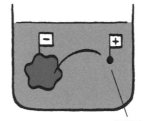
氫離子

氫原子與氫離子的性質完全不同。氫原子不帶電荷，兩個氫原子結合在一起就會形成氣態
的氫氣，而氫離子只能存在於水中。

醋的酸味就是這種氫離子所造成，酸具備腐蝕金屬的性質，這也
是氫離子所造成。

氧的英文 Oxygen 源自希臘文，oxys，用來形容酸的味道，genes 則是產生者的意思，因
此在日文中也譯作酸素，但事實上酸與氧元素沒有直接關係，將氧氣溶解在水中也不會形
成酸。會這樣命名，是因為 18 世紀發現氧元素的拉瓦節（Antoine Lavoisier）誤以為酸的
性質是來自於氧原子，所以才會將其取名為「oxygen」。

鹼是什麼？

　　將氫氧化鈉溶解在水中，就會產生具有負電荷的氫氧根離子。這種溶解在水中就會解離出氫氧根離子的物質就稱作「鹼」（或「鹼根」）。

　　鹼（Alkali）這個字的英文在阿拉伯文裡代表「灰燼」的意思。這是因為將植物燃燒後的草木灰溶解在水中就會帶有鹼性，所以因此命名。

將鹼溶解在水中之後

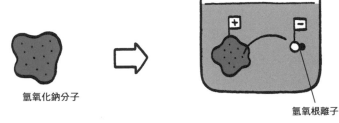

氫氧化鈉分子

氫氧根離子

鹼性物質大致上都具有苦味，可以分解蛋白質等有機物。

中和是什麼？

　　將酸的水溶液與鹼的水溶液混合後，氫離子與氫氧根離子就會結合在一起而形成水分子，酸的性質與鹼的性質也都會消失。這就稱作「中和」。

　　酸鹼彼此混合後，如果氫離子比氫氧根離子多，就會有氫離子殘留下來，保留一部分酸的性質。相反地，當氫氧根離子比氫離子多，就會有氫氧根離子殘留下來，保留一部分鹼的性質。想要達成完全的中和，就必須巧妙地調整酸與鹼的量，使氫離子與氫氧根離子的數目彼此相同。

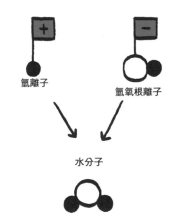

氫離子

氫氧根離子

水分子

在日常生活中，時常會提到「中和毒性」這種說法，但這與酸鹼中和沒有關係，事實上不能算是一種精確的說法，請多注意。

化學鍵

【Chemical bond】

當原子與原子結合在一起形成分子時，
實際上究竟發生什麼事呢？

原子對於特定電子數有偏好

依照種類（元素）不同，原子本身具有固定數量的電子
（→ p88）。然而，原子如果沒有得到 2 個、10 個、18 個、36 個
等這些特別數量的電子，就無法穩定下來。因此，原子就會趨向
於透過某種方式讓自己的電子數符合前述數字，而這有數種方法
可以達成。

共價鍵

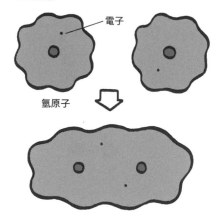

電子

氫原子

只有一個電子的氫原子會為了獲得
兩個電子，而與其他氫原子共享電
子，這樣一來，這兩個氫原子就會
變得難以分開。

這就是化學鍵的其中一
種，由於這種化學鍵是「共
享電子」的鍵結，所以就稱
作「共價鍵」。

離子鍵

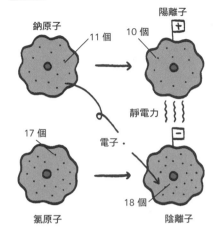

鈉原子　11 個

陽離子　10 個

靜電力

電子

17 個

18 個

氯原子　陰離子

擁有 11 個電子的鈉原子會釋放一個多餘的電子，而使電子的總數變成 10 個，這時候，整個原子就會失去一個電子（→ p33），此時鈉原子就會變成陽離子。

擁有 17 個電子的氯原子則會吸收鈉所釋放出來的電子，使電子的總數變成 18 個，這時候，整個原子就會多出一個電子，此時氯原子就會變成陰離子。如此產生的鈉離子與氯離子就會因為靜電力而彼此吸引。

　　這種化學鍵就稱作「離子鍵」，當鈉原子與氯原子形成離子鍵之後，就會形成氯化鈉，也就是食鹽。

金屬鍵

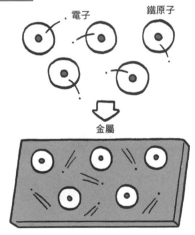

電子　　鐵原子

金屬

大量的鐵原子聚集在一起以後，每個原子各自所擁有的電子就會有數個飄移出來，形成一種有許多電子在整個鐵塊之中遊蕩的狀態（這種電子就稱作「自由電子」）。這樣一來，被留在原地的原子（此時已經形成陽離子）就會因為這些自由電子的影響而彼此聚集在一起。

　　原子與原子這樣結合在一起的狀況，就稱作「金屬鍵」。如上所述的化學鍵有許多種，但每一種化學鍵都是由電子所形成的。在這世界上有各式各樣的分子存在，完全都是因為電子的影響而造成的。

化學反應／氧化／還原

【 Chemical reaction / Oxidation / Reduction 】

將物質混合在一起，就會發生各式各樣的反應，
產生出新的物質。
這種時候只有原子間的化學鍵會發生變化，
不會產生新的原子，原子的種類也不會有所變化。

物質的反應是什麼？

混合氫氣與氧氣，然後點火，就會爆炸並且產生水。這種時候，
從分子的層級來看究竟發生了什麼事呢？

氫與氧的反應

氫分子

氧分子

水分子

氫分子由兩個氫原子組成，氧分子也是以兩個氧原子組成，它們的化學鍵分別斷裂，並改變原子的組合，就可以產生新的化學鍵，水分子就是這樣產生的。

這種因化學鍵斷裂或產生化學鍵而合成新分子的現象，就是所謂的「化學反應」。這種時候，原子本身的種類絕對不會有變化。

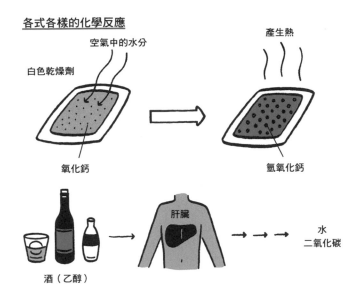

各式各樣的化學反應

白色乾燥劑　空氣中的水分

產生熱

氧化鈣　　氫氧化鈣

即使沒有使用實驗室裡的藥劑，在我們身邊也到處都有化學反應在發生。

即使將砂糖溶解在水裡，也不會有化學鍵斷裂或是產生，砂糖的分子本身沒有什麼變化，因此這就不是化學反應，只是「溶解」而已。

肝臟

酒（乙醇）

水
二氧化碳

Physics ｜ Electricity ｜ Chemistry ｜ Biology ｜ Geography ｜ Cosmology

氧化與還原

化學反應有各種類型，而在各種化學反應中，氧化與還原會在許多不同狀況下肩負重要意義。

氧化還原

氧原子
有機物

氧化

漂白劑・還原

把衣物放進漂白劑裡，上面的有機物就會被分解，而使衣物變乾淨。這時候，漂白劑（次氯酸鈉）分子上的氧原子會轉移到有機物的分子上，獲得氧原子的有機物分子就會變得四分五裂，從衣物上掉落。

兩種分子之間像這樣彼此交出／接收氧原子的反應，就被稱作「氧化還原」。獲得氧原子的一方「被氧化了」，而提供氧原子的一方則是「被還原了」。在前述範例中，有機物受到氧化，而漂白劑則被還原了。

把鐵放在空氣中，鐵原子就會被氧化而形成氧化鐵，這就是「生鏽」。這種化學反應的速度較為緩慢。

木炭（主要由碳元素組成）的燃燒也是氧化，在燃燒時，碳所擁有的化學能會劇烈轉換成光或熱等能量，所以火焰會發出光芒、溫度也會提升，這就是「燃燒」的真相。

固體／液體／氣體

【 Solid / Liquid / Gas 】

即使是相同物質，在不同溫度與壓力下，其外觀也會有所變化。
這是為什麼呢？
如果從分子的角度來看就很清楚。

分子的行為差異

　　冰、水以及水蒸氣，從物質的角度來看都是相同的，但在外觀上卻有相當大的差異，產生這種差異的理由，就是水分子在行為上的差異。

在冰這種狀態時，水分子是秩序井然地排列在一起，而且沒有什麼動作，所以冰塊是很硬的。在水這種狀態時，水分子會彼此推擠，呈現出某種程度的運動，這就是水為什麼會流動的原因。在水蒸氣之中，水分子則是自由自在地橫衝直撞，因此水蒸氣才能飄動。

三種不同的行為

冰＝固體

水 ＝ 液體　　水蒸氣＝氣體

壓力所造成的差異

　　物質究竟會是固體、液體還是氣體，不完全由溫度所決定，而是由溫度與壓力這兩種因素所決定。

120℃

壓力高

在壓力鍋裡，壓力比較高，所以水即使到了120℃也不會沸騰，所以就可以利用高溫來烹煮食物。

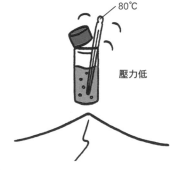

80℃

壓力低

在聖母峰頂，氣壓不到平地的一半，因此水在 70℃ 左右就會沸騰。如果把保溫瓶中溫度保持在 80℃ 的水直接從山腳帶上去的話，即使不生火加熱也會沸騰。

物質狀態的轉換方式

　　固體、液體、氣體之間的變化，統稱為「狀態變化」，而且每一種狀態變化都有各自的名字。

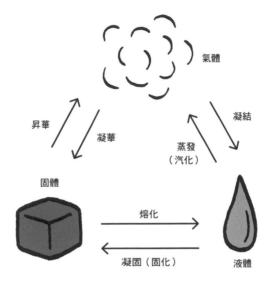

氣體

昇華　凝華

蒸發（汽化）　凝結

固體

熔化

凝固（固化）　液體

另外，溶解與熔化雖然讀音一樣，但是固體變成液體的時候是「熔化」，而把物質加入水等液體之中的行為則叫做「溶解」，雖然發音相同，但使用的字是不同的。

　　固態的乾冰可以不需要經過液體的變化，直接變成氣體的二氧化碳，像這樣從固體直接變成氣體叫做「昇華」，而從氣體直接變成固體的變化就叫做「凝華」。加熱固體的時候究竟會熔化還是昇華，會隨著壓力變化而有所不同。即使是冰塊，如果是在火星這樣壓力很低的環境下，也會跳過水的狀態直接昇華成水蒸氣。

其他的狀態

　　處在特別狀態下，物質也可能形成固態、液態、氣態以外的狀態。比如在220 大氣壓力下把水加熱到 370℃以上時，就會形成一種稱作「超臨界流體」的狀態，這是一種處在液體與氣體之間的狀態，物質在這個狀態下的溶解性很好，因此在工業上也時常使用超臨界流體。

　　另外，將氫氣等氣體加熱攝氏到數萬度以上的超高溫條件時，原子（→ p32）就會分離成原子核與電子，形成一種稱作「電漿」的狀態。想要實現核融合（→ p47），就必須形成這種狀態。有一種說法認為，其實鬼火就是一種電漿。

Physics ｜ Electricity ｜ Chemistry ｜ Biology ｜ Geography ｜ Cosmology

潛熱

【Latent heat】

固體、液體、氣體間的狀態變化過程，
雖然有熱量交換發生，但溫度卻不會發生變化，
這個現象其實也跟日常生活有深厚關係。

狀態變化與熱量交換

冰塊熔化的時候

比如說，加熱 -30℃ 的冰塊時，溫度會隨著加熱而提升，不過一旦溫度上升到 0℃，冰塊開始熔化時，即使繼續加熱也無法讓溫度升高。在冰完全熔化成水以前，不論如何加熱，溫度也會維持在 0℃。

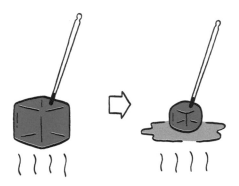

這是因為外界所施加的熱量，被用於讓固體變成液體了。這種從固體熔化（→ p99）成液體時所需的熱量就稱作「熔化熱」。

水沸騰的時候

同樣地，當水開始沸騰後，即使繼續加熱，溫度也會維持在 100℃，這是因為從液體變成氣體也需要熱量，這種熱量就稱作「汽化熱」。

從外界施加的熔化熱與汽化熱會悄悄潛藏在物質中，所以這種熱量就稱作「潛熱」，也就是「潛藏的熱量」的意思。

不只是沸騰的時候，水在常溫下緩緩蒸發時也必須要吸收汽化熱。流汗後如果不擦乾身上的汗水，就會感到寒冷，就是因為這種汽化熱的影響，因為汗水在蒸發時從人體吸收了蒸發所需的汽化熱。

氣體轉化為液體、液體轉化為固體

反過來，當水蒸氣開始凝結成水時，在完全凝結成前，溫度也會維持在100℃，這個時候，水蒸氣所擁有的潛熱往外散發，而這就稱作「凝結熱」。

同樣地，當水降溫開始結凍時，在完全凍結以前溫度都會維持在0℃，這時候水所含有的潛熱也會散發到外界，這就稱作「凝固熱」。

冷卻的原理

冷氣機和冰箱就是使用這種潛熱，來讓室內和冰箱降溫。

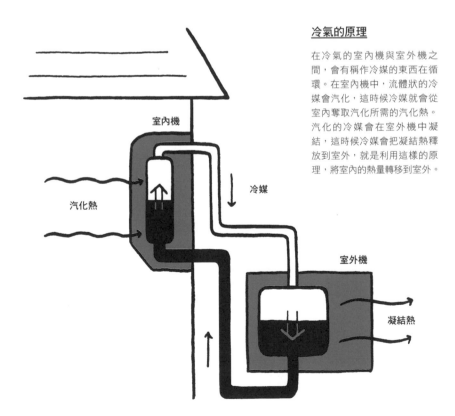

冷氣的原理

在冷氣的室內機與室外機之間，會有稱作冷媒的東西在循環。在室內機中，流體狀的冷媒會汽化，這時候冷媒就會從室內奪取汽化所需的汽化熱。汽化的冷媒會在室外機中凝結，這時候冷媒會把凝結熱釋放到室外，就是利用這樣的原理，將室內的熱量轉移到室外。

室內機

汽化熱

冷媒

室外機

凝結熱

卡路里

【 Calorie 】

吃飯時，大家都很在意卡路里。
卡路里越高，感覺越容易累積體內脂肪。
但是這個詞，本來是在物理或化學中表達能量的一種單位。

熱量單位

在物理學中時常使用的能量單位是焦耳（J）（→ p21）。然而，1 J 究竟是多少能量，這實在有點難以想像。所以人們就改採卡路里（cal）這個單位，1 cal 的熱量等同於可以讓 1 mL 的水溫度上升 1℃所需的熱量（1 cal 約為 4.2 J）。

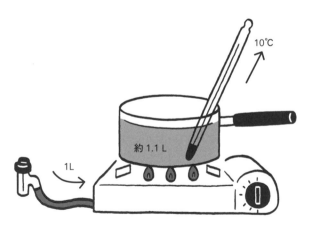

10℃

約 1.1 L

1L

生活周遭的熱量計算

如果用瓦斯爐燃燒 1 L 的瓦斯，大約可以產生 11000 cal 的熱量，如果把這些熱量通通用來加熱水的話，就可以讓 約 1.1 L（= 1100 mL）的水溫度上升 10℃。

事實上，瓦斯爐的熱量會有很多散逸損失，因此溫度並不會上升那麼多。

使用卡路里為單位時，數值往往會像前述例子，變成很大，因此一般會將它的數值除以 1000，並加上千卡（kcal）為單位，11000 cal = 11 kcal。

用在營養上時

　　那麼，能量與營養之間有什麼關係呢？從食物中攝取的養分會在細胞中被代謝掉，這時候所產生的能量就會被用來維持體溫、推動內臟與肌肉的運作，或是讓腦部運作等。因此食物中含有多少營養成分，就可以利用代謝時所能產生的能量來代表，而使用的單位就是千卡。

食品中含有的能量

吃下 100 g 的白飯，透過代謝作用所產生的能量約為 170kcal，牛肉 100g 則是約 100~300kcal。

170 kcal

40 kcal

100 ～ 300 kcal

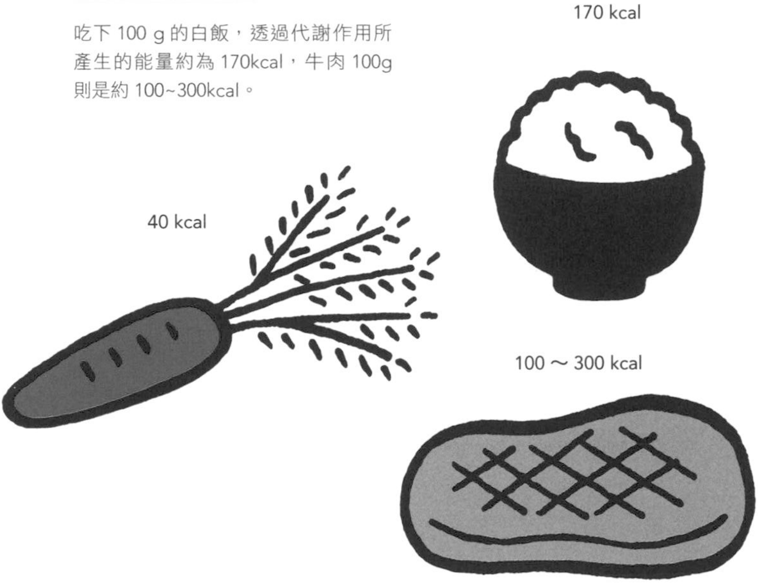

　　現在市面上有許多號稱「0 卡路里」的食品，那代表的只是食物中含有極少人類可以代謝的養分而已，但這個食品本身還是擁有能量的。將 0 卡路里的甜味劑或是果凍拿去點火，還是一樣可以燃燒並放出熱能，這就是證據。

觸媒

【Catalyst】

在化學反應中，有一些反應只能緩緩進行。
面對這種緩慢的反應，有人希望可以加快反應速度，
並讓這些反應應用在生活或工業上，此時應該怎麼辦呢？

加快化學反應的速度

有一些化學反應（→ p96）可以在短時間內讓大量的物質完全反應完畢，比如說矽藻土炸藥的爆炸，就是其中的火藥成分硝化甘油一口氣發生反應，產生劇烈的熱量，造成強烈的衝擊。

相對地，鐵在氧的作用下生鏽的反應（→ p97），則是長時間下只會慢慢發生的反應類型。這個反應也會產生熱能，但因為反應速度實在太慢，因此溫度幾乎不會上升。

化學反應的速度

矽藻土炸藥

DYNAMITE

快

慢

然而，將鐵粉與食鹽混在一起後再暴露於空氣下，鐵生鏽的反應就會變快，而且可以在短時間內產生熱能，使得溫度上升。這個時候，食鹽本身完全不會產生變化。而只是因為跟食鹽放在一起，鐵與氧的反應就變快了。像這樣本身不會起變化，卻會促進化學反應加速的物質就稱作「觸媒」（催化劑），也就是「透過接觸的方式來促進化學反應的媒介」。

觸媒的作用

鐵粉　　　　食鹽

暖暖包就是利用這種反應來發熱的。

觸媒的例子

　　根據化學反應種類不同，可以加速其反應速率的觸媒也有所不同。在學校課堂上，應該有做過一個實驗，讓過氧化氫跟二氧化錳反應，可以產生氧氣。在這個反應中，二氧化錳就是觸媒，可以加速過氧化氫分解進而產生氧氣。二氧化錳本身不會有所變化，但如果沒有二氧化錳存在，這個反應幾乎不會有進展。

各式各樣的觸媒

想要分解汽車廢氣中所含的有害物質，可以使用白金等金屬作為觸媒。

另外，二氧化鈦等物質可以加速有機物的光解作用，如果把二氧化鈦塗布在建築物外牆上，就可以讓太陽光照射到的汙垢自然分解。

白金

二氧化鈦

　　除此以外，觸媒還可以應用在化學產品的製程上。

　　比如說，利用空氣中的氮氣製造氨氣時，就會使用含有氧化鐵與氧化鋁等成分的觸媒。這是在 20 世紀初，由德國的哈柏（Fritz Haber）與博施（Carl Bosch）所開發的製程。氨是肥料的原料，對於全世界的糧食生產來說不可或缺。

　　另外，在合成塑膠時，也會使用鈦化合物與鋁化合物等所組成的觸媒。這是在 1950 年代由德國的齊格勒（Karl Ziegler）與義大利的納塔（Giulio Natta）所開發的。

　　觸媒就是這種對化學反應能產生實際幫助，且在現代社會中不可或缺的存在。如果開發出可以把二氧化碳轉換成其他物質的觸媒並加以實際應用，說不定就可以解決地球暖化問題了。

Physics | Electricity | Chemistry | Biology | Geography | Cosmology

矽／矽氧樹脂（矽利康）

【 Silicon / Silicone 】

Silicon（矽）與 Silicone（矽氧樹脂）的英文發音很接近，
不過矽元素是各種電腦、電子零件的關鍵成分，
而矽氧樹脂則是用來製造料理器具或隆乳手術填充物的一種類似橡膠的材料。
這兩種發音相近，但實際上完全不同的物質，如果不加以區別，
有可能會發生非常嚴重的誤解。

矽半導體

電晶體或 IC（積體電路）等電子元件中，使用了可以精細調控電流的半導體（→ p66）。其中最具代表性的，就是矽元素構成的純物質（→ p89）物質。

土　　　　水晶　　　　蛋白石

矽的製程

碳　　　　　　　　　　　　　　　矽元素　　　　　　　結晶

矽元素以二氧化矽的形式大量蘊藏於土壤或石頭中，比如說水晶或蛋白石就是二氧化矽的結晶，將二氧化矽與碳混合在一起加熱至高溫，就可以提煉出矽的純物質。但是想要將矽用作半導體之用，就必須要儘可能地去除雜質，把純度提煉到非常高，因此要先以高溫熔化矽元素，並讓它自己緩緩地結晶。

電子零件中採用的矽原料就是利用這種方法所製造，其純度高達 99.9999……%。

矽氧樹脂

　　另一方面，性質類似於橡膠的「Silicone」，其實發音（ˈsɪlɪkəʊn）跟 Silicon 的發音（ˈsɪlɪkən）是不同的，中文裡則譯作「矽氧樹脂」、「矽酮」、「矽利康」，有時也稱作「矽膠」。

矽氧樹脂的分子結構

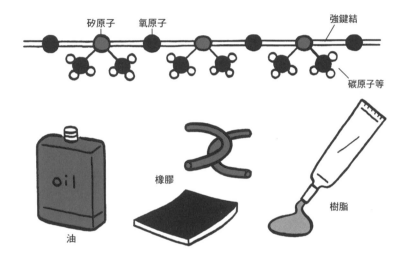

矽氧樹脂的分子是由矽原子與氧原子以鎖鏈狀交互連接在一起，在這條長鏈上也有碳原子等元素與其鍵結在一起。只要調整這種聚合物長鏈的長度，就可以讓它變成像油一樣的液態，或是像樹脂一樣堅硬。

　　矽原子與氧原子的鍵結非常強，所以矽氧樹脂對於高熱以及化學藥劑的耐受性很強。一般的橡膠在 100℃ 左右就會劣化，但是矽氧樹脂在超過 200℃ 的條件下還是可以維持穩定，因此矽氧樹脂才會常用於調理用具中。另外，矽氧樹脂進入人體內也不會被分解，同時也不會釋放有害物質，因此在醫療領域上有很廣泛的用途。還有，矽氧樹脂也具有撥水性，因此也被用來當作衣物或鞋子的撥水噴霧。

　　如上所述，矽與矽氧樹脂都是現代生活中不可或缺的物質，雖然英文唸起來有點容易混淆，不過中文名則是有很明確的區別。

臭氧／氟氯烴

【Ozone / CFC】

1970 年代，這兩個詞時常在環境議題中出現，
雖然目前問題已經逐漸解決，
但它們的重要性卻不曾改變。

另一種氧

我們所呼吸的一般的氧氣，是兩個氧原子結合在一起所產生的分子，然而氧原子也可以三個聚在一起形成「く字型」的分子，這就是臭氧。

臭氧的結構

氧原子

一般的氧分子　　　　臭氧分子

臭氧是氣體，有一種腥臭味。你聞過影印機運作時發出的那種味道嗎？那就是臭氧的味道。

臭氧濃度過高時會有毒性，但是在低濃度下則沒有安全問題，在食品保存與除臭方面都會使用臭氧。

臭氧並不穩定，很快就會變回普通的氧氣。因此想要利用臭氧，就必須要在空氣中引發放電，產生出臭氧。

臭氧層

在自然界裡，紫外線跟雷電也會造成臭氧產生。透過這種方式產生的臭氧會集中在空中約 20 公里高的位置，形成一層臭氧，稱作臭氧層。雖然說有臭氧聚集在這個區間，但其實濃度相當低，只有 0.0003% 左右，不過這些臭氧還是可以阻擋來自太陽的紫外線。如果沒有臭氧層的話，地面上的人類就會暴露在大量紫外線之下，容易因此罹患皮膚癌。

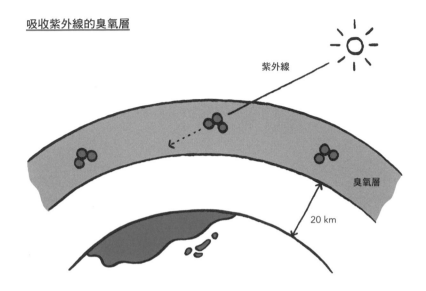

吸收紫外線的臭氧層

紫外線

臭氧層

20 km

氟氯烴

　　所謂的氟氯烴，就是由碳、氟、氯等原子所組成的分子。以前氟氯烴被廣泛用作冰箱與空調的冷媒（→ p101）。

氟氯烴的結構

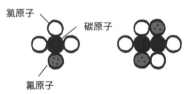

氯原子

碳原子

氟原子

　　後來人們發現，外洩的氟氯烴會漂浮到空中，分解臭氧層的臭氧。事實上，在南極上空的臭氧濃度也確實大幅降低，使得地面上所接受到的紫外線強度增強了。南極上空的臭氧濃度嚴重降低的原因，似乎與大氣循環有關。這種現象就好像臭氧層開了一個洞一樣，所以被稱作「臭氧層空洞」。

　　如果繼續使用氟氯烴，不僅是南極，全世界的臭氧層都會消失，問題會非常嚴重。因此在 1980 年代，全世界都禁止製造與使用氟氯烴，似乎到了最近，臭氧層才漸漸開始恢復。即使是全球規模的環境問題，也可以透過世界各國來合力解決，這就是一個案例。

奈米碳管

【 Carbon nanotube 】

這是一種備受矚目的劃時代材料，
它是由碳原子所構成，
但跟普通的碳究竟有什麼差別呢？

Physics ｜ Electricity ｜ Chemistry ｜ Biology ｜ Geography ｜ Cosmology

各式各樣的碳

　　「碳」元素雖然只是一種元素，卻有各種形態，比如鉛筆芯（石墨）也是碳，鑽石也是碳。為什麼一樣是碳，有些是黑黑軟軟，有的卻是全世界最堅硬的寶石呢？這是因為碳原子鍵結方式不同所造成的。

不同的結構

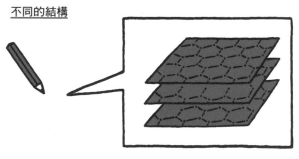

石墨是碳原子以片狀結構連接，而片狀結構又重疊在一起的形態，因為片狀結構之間容易滑動，因此石墨很柔軟。

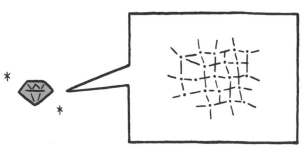

鑽石則是碳原子往四面八方彼此鍵結，形成網狀結構，因為這種結構很堅固，所以鑽石很堅硬。

這樣，由相同元素所構成，但性質卻不同的純物質（→ p89），就稱作「同素異性體」。（不要跟同位素（→ p89）混淆了喔）

使用特別的方法，就可以製作出與前述兩種同素異性體結構都不同的碳。1991 年，NEC 基礎研究所的飯島澄男在真空容器中，利用兩支石墨電極放電，製造出具有細長管狀分子結構的碳。其粗細約 1 nm（約百萬分之一公釐）（→ p52），非常細，由碳元素彼此鍵結，形成有如細長籠子一樣的結構，其長度可以隨著製作方法隨心所欲地延長。因為是由碳元素（Carbon）所組成的奈米尺寸管狀物，所以被稱作「奈米碳管」（Carbon Nanotube）。

奈米碳管的結構

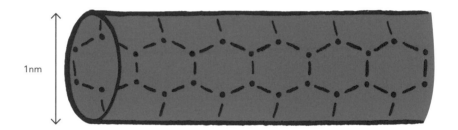

1nm

奈米碳管具備各式各樣的特徵。

首先，它是由原子直接鍵結所形成的細長管狀物，因此本身雖然柔軟，但是對抗拉力的能力很強，強度可以達到鋼鐵的 20 倍，據說未來將可用來製造連接地球與宇宙空間的宇宙電梯的纜線。

另外，因為它的粗細與結構都可以進行精密調整，因此也可以做成某些特性的半導體（→ p66）。使用這種材質，據說可以製作出比現有運算速度更快的電子零件。

此外，它可以有效率地釋放出電子，以及良好地吸附各種物質等，這些性質也相當受到矚目，在不遠的未來，它也許會成為尖端技術所不可或缺的材料。

Physics｜Electricity｜Chemistry｜Biology｜Geography｜Cosmology

稀土元素

【Rare-Earth elements】

稀土元素是行動電話或電腦零件、油電混合車的電池、
DVD 光碟等尖端電子產品中所不可或缺的元素。
但是國際間卻也因為稀土元素，面臨巨大的問題。

稀有的元素

　　稀土元素的英文為 Rare-Earth Elements，所謂的「Rare」，就是稀有的意思，而「Earth」則是土的意思，也就是說，稀土元素就是「存在於土中的稀有元素」，因此中文譯為「稀土元素」。稀土元素並不單指一種元素，而是 17 種元素的通稱，就是週期表（→ p90）中第三族的兩種元素與週期表外的鑭系元素。

以紅底標示的元素就是稀土元素

族 週期	1	2	3	4	5	6	7	8	9	10	11	12	13	14	15	16	17	18
1	1 H																	2 He
2	3 Li	4 Be											5 B	6 C	7 N	8 O	9 F	10 Ne
3	11 Na	12 Mg											13 AL	14 Si	15 P	16 S	17 Cl	18 Ar
4	19 K	20 Ca	21 Sc	22 Fi	23 V	24 Cr	25 Mn	26 Fe	27 Co	28 Ni	29 Cu	30 Zn	31 Ga	32 Ge	33 As	34 Se	35 Br	36 Kr
5	37 Rb	38 Sr	39 Y	40 Zr	41 Nb	42 Mb	43 Tc	44 Ru	45 Rh	46 Pd	47 Ag	48 Cd	49 In	50 Sn	51 Sb	52 Te	53 I	54 Xe
6	55 Cs	56 Ba	57～71 鑭系 元素	72 Hf	73 Ta	74 W	75 Re	76 Os	77 Ir	78 Pt	79 Au	80 Hg	81 Tl	82 Pb	83 Bi	84 Po	85 At	86 Rn
7	87 Fr	88 Ra	89～103 鑭系 元素	104 Rf	105 Db	106 Sg	107 Bh	108 Hs	109 Mt	110 Ds	111 Rg	112 Cn	113 Nh	114 Fl	115 Mc	116 Lv	117 Ts	118 Og

鑭系元素 （57～71）	57 La	58 Ce	59 Pr	60 Nd	61 Pm	62 Sm	63 Eu	64 Gd	65 Tb	66 Dy	67 Ho	68 Er	69 Tm	70 Yb	71 Lu
鑭系元素 （89～103）	89 Ac	90 Th	91 Pa	92 U	93 Np	94 Pu	95 Am	96 Cm	97 Bk	98 Cf	99 Es	100 Fm	102 Md	102 No	103 Lr

　　稀土元素具有其他元素所沒有的特殊磁性性質或是化學、光學性質，因此在各式各樣的材料領域中極受重視，是對現代社會很有用的元素。

各種用途

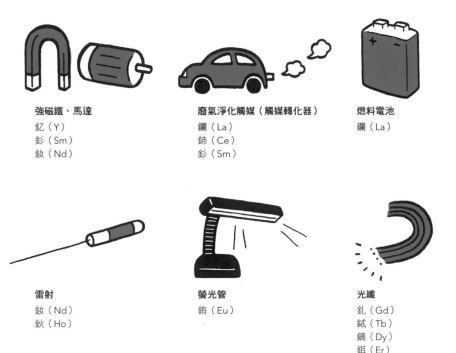

強磁鐵、馬達
釔（Y）
釤（Sm）
釹（Nd）

廢氣淨化觸媒（觸媒轉化器）
鑭（La）
鈰（Ce）
釤（Sm）

燃料電池
鑭（La）

雷射
釹（Nd）
鈥（Ho）

螢光管
銪（Eu）

光纖
釓（Gd）
鋱（Tb）
鏑（Dy）
鉺（Er）

稀土元素的替代品

　　稀土元素正如其名，量非常稀少，其中含量最多的鈰（Ce）也僅占地殼（→ p166）的 0.007%。而且含有稀土元素的礦石大致上僅有中國出產。不過 2010 年起，中國政府曾經因為政治理由，暫時禁止對日本出口稀土元素，幾乎造成日本產業崩潰。

　　因此目前世界各國正緊鑼密鼓地推動研究，如何以更常見的元素來發揮出接近於稀土元素的性能，例如在結構設計上發揮巧思，想辦法在使用不含稀土元素材質的普通磁鐵時，也能製造出高輸出功率的馬達。到了現在，其實已經可以在盡可能減少使用稀土元素的狀況下解決各種問題，反而是中國因為無法賣出稀土元素而感到頭痛了。國際問題可以透過科學力量來克服，科學將會守護社會與人類，這點千萬不能忘記。

那些統計數據，可以全部相信嗎？

有意義的統計

健康節目或廣告中，常會聽到「只要吃了〇〇保健食品就不容易罹患 ×× 疾病」的說法，同時也會出現一些看起來很有力的圖表來佐證這句話，令人誤以為這一切都是透過科學加以證實，因此很容易在不知不覺間相信了。可是，那些東西真的有效嗎？

驗證保健食品是否有效的實驗，有四個必須注意的重點。

第一，就是要讓吃保健食品的人跟沒有吃保健食品的人有相同的背景條件。有吃保健食品的人稱作「實驗組」，而沒吃的人則稱作「對照組」。實驗組與對照組之間，除了有沒有吃保健食品以外，所有條件都必須盡可能相同，比如說年齡、性別、身高、體重、病史、家族結構等。為了確保受試者條件相同，通常會採用擲硬幣或其他某種隨機方式來分配受試者進入實驗組或對照組。這樣的話，就可以讓實驗組跟對照組的條件變得相當接近。

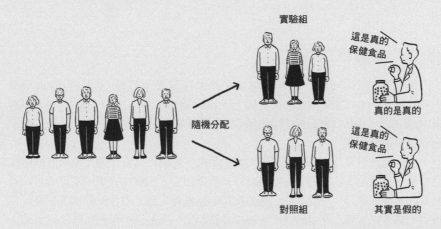

第二個需要注意的重點，就是要讓對照組的人以為自己吃的也是真正的保健食品，但事實上卻是沒有加入有效成分的假保健食品（安慰劑）。為什麼要這樣

呢？就像俗話所說的，疑心生暗鬼，人會因為外界或自身的暗示而影響到身體狀況。因此，即使實驗組這邊最後罹患疾病的人比較少，也有可能不是因為保健食品的效果，而是因為「我有吃保健食品所以不會生病」的心理暗示所造成的效果。為了要確認是否真是有效成分造成的效果，就必須要讓對照組也受到相同的暗示，讓對照組吃下安慰劑，並深信「我吃下了真正的保健食品」。

第三個重點是，如果實驗組跟對照組的人數太少，就可能是因為單純的偶然而使罹患疾病的人數有所出入。比如說，實驗組跟對照組分別只有兩個人，就很有可能會因為單純的偶然，結果造成只有對照組兩個人罹患疾病。所以說，實驗組跟對照組的人數必須儘可能多。人數越多，因為偶然所造成差異的機會就越小。如果人數很多，還是可以看出實驗組跟對照組間有所差異的話，就可以說實驗結果確實是保健食品有效的可能性比較高。

第四個重點，就是即使實驗組跟對照組的人數都很多，但罹患疾病的人數差異卻很小，就表示二者之間的差異不是保健食品的效果所造成，比較有可能是因為偶然所造成的影響。想要主張「這種保健食品有效」，實驗組跟對照組罹患疾病的人數差異就必須夠大才行。至於到底必須要有多大的差異，可以利用統計學所謂「檢定」的方法去判定。比如說，假設實驗結果如右圖所示。

乍看之下，會因為人數差異確實達到 10 個人，令人想要主張這種保健食品確實有效，但是依據統計檢定的結果，可以判斷差 10 個人有可能僅僅是偶然的影響所造成的。在這種狀況下，如果人數差異不到 12 個人，就無法主張這種保健食品確實有效（當然這個人數標準會因為實驗條件而不同）。如果可以在統計學上判定實驗組與對照組的差異不屬於偶然所造成的，而比較有可能是二者之間真的有顯著差異，就會以「實驗結果具有顯著性差異」這種方式來描述實驗結果。

想要獲得真正有意義的統計數據，最低限度必須遵守以上這四項基準，如果只是在電視節目裡急就章地隨便實驗一下，應該很難滿足這些基準吧。不只是保健食品而已，健康秘訣、讀書方法、輿情調查等，這世上充滿了看似有所根據的統計數據，但在盲目接受那些聽起來彷彿正確的結論前，請認真懷疑一下那些數據是否都符合這四項基準是很重要的事。

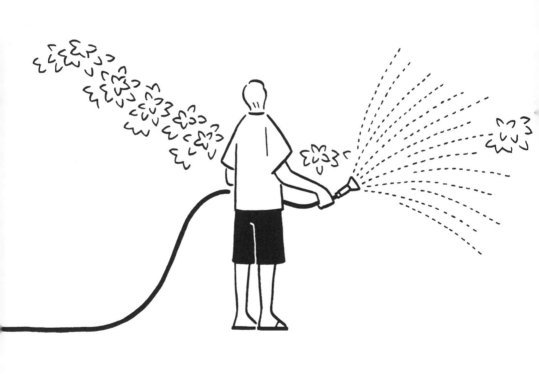

生物
Biology

生物學當然就是針對生物進行研究的學問。
但是歸根究柢，生物究竟是什麼呢？
雖然有一種模糊的印象，感覺生物就是會吸收營養的東西、會
增殖的的東西，
但是如果要給它一個嚴謹的定義，就會令人有點困擾了。
不論用什麼樣的方式去定義，
說不定在宇宙的某個角落，可能找出完全不符合定義的「生
物」。
如果人類開發出高階的人工智慧，
也可以把人工智慧稱作生物嗎？

細胞

【Cell】

細胞是構成所有生物的基本結構。
目前還沒有發現任何一種生物不是由細胞所構成。
細胞不僅對於理解生物的運作很重要，也是對生物加以分類的關鍵。

各式各樣的細胞

人類、蟑螂、向日葵或者黴菌這些由許許多多細胞所構成的生物，稱作「多細胞生物」。人類的身體大約由 60 兆個細胞所構成。相對來說，像是細菌這種一個細胞就是一個獨立生命體的生物，就稱作「單細胞生物」。

雖然細胞的大小會因為種類不同而各有分別，但大多數細胞的尺寸都約在幾個 μm（微米，公釐的千分之一）左右。不過也有些細胞的尺寸可達數公釐，以肉眼也可以觀察到。如果換一種角度來解讀，也可以把鳥類等生物的蛋視作一整個細胞。

直到中世紀為止，人們都不知道生物是由細胞所組成。但是在 1655 年，英國人虎克（Robert Hooke）利用當時才剛發明不久的顯微鏡，發現了軟木塞（樹木的組織）可以區分成許多小小的區塊。而他選擇了代表「修士、修女所居住的小房間」的詞語，把這種區塊命名為「Cell」（細胞）。至於活體的細胞，一般認為是在 19 世紀由德國人施萊登（Matthias Jakob Schleiden）與施旺（Theodor Schwann）所發現。

生物的分類

以細胞的基本結構作分類，可以將所有生物區分成兩種。在細胞內部沒有顯著結構，DNA（→ p132）直接漂浮在細胞質裡的生物，稱作「原核生物」。大腸桿菌之類的細菌就是原核生物。另一方面，在細胞中存在著各式各樣的結構體（「胞器」），DNA 被收容在稱作「細胞核」的胞器裡的生物，則稱作「真核生物」。動物與植物，還有像是菇類或酵母等菌類，全部都是真核生物。

細胞的結構

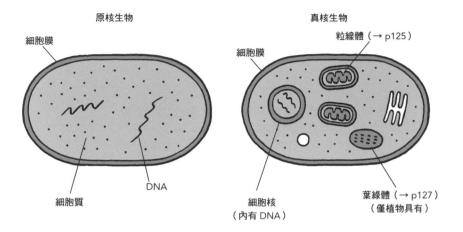

原核生物

細胞膜

細胞質

DNA

真核生物

粒線體（→ p125）

細胞膜

細胞核
（內有 DNA）

葉綠體（→ p127）
（僅植物具有）

（上圖為簡單示意圖，原核生物細胞的 DNA 多為環狀，且只有一條）
細菌與菌類是完全不同的生物，為了避免二者之間有所混淆，有時會將菌類稱作真菌類。

　　依據細胞膜成分的差異，可以再將原核生物分類為細菌與古菌這兩種族群。因此，如果將所有生物加以粗略分類，可以區分成細菌、古菌、真核生物等三種族群，這是目前已經確立的說法。

生物的分類

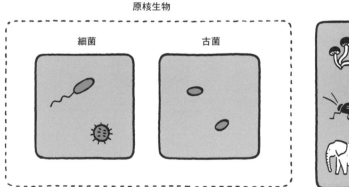

原核生物

細菌

古菌

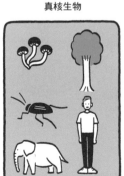

真核生物

原核生物全部都是單細胞生物。在真核生物中，有像人類這樣的多細胞生物，也有像酵母菌這樣的單細胞生物。

Physics ｜ Electricity ｜ Chemistry ｜ Biology ｜ Geography ｜ Cosmology

病毒

【Virus】

近年來，因為發現了不少體積比細菌還大的病毒，
因此病毒給人的印象有所變化。
話雖如此，目前仍普遍認定病毒本身不能算是生物。
那麼，病毒究竟是什麼東西呢？

與細菌之間的差異

不論是病毒或細菌，都一樣無法以肉眼觀察到，一樣都會自我增殖，而且也都有一部分會引發疾病。比如說，流行性感冒就是病毒所引發的，而食物中毒則常由細菌所引發（也有病毒性的）。但是病毒與細菌是不一樣的東西。

結構上的差異

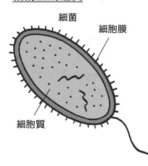

細菌
細胞膜
細胞質

細菌是原核生物（→ p120），其細胞膜內有細胞質存在，有DNA等各類物質懸浮在細胞質中，具備所有用來進行代謝與生殖等生命活動的構造。

病毒
殼體
DNA、RNA

病毒僅由DNA（或是RNA（→ p133））以及覆蓋於DNA（或RNA）外部，由蛋白質或脂質形成的殼體所組成，不具備足以表現生命活動的構造。

因此病毒不被視作生物。說得極端一點，病毒就只是物質構成的顆粒而已。對於細菌來說，只要有足夠的養分就可以自力增殖，但是病毒卻無法單純依靠自己來增殖。那麼病毒究竟是如何增殖的呢？簡單說，就是必須奪占生物的細胞才能進行增殖，其增殖方式如下頁所述。

病毒增殖的方式

病毒 / 細胞

(1) 侵入細胞。
(2) 殼體破裂，釋出 DNA。
(3) 利用細胞的複製機制，大量增殖屬於病毒的 DNA。
(4) 利用細胞的蛋白質複製機制，製作殼體。
(5) 將先前製造的 DNA 與殼體組合在一起，形成新的病毒。
(6) 從細胞中脫離，此時細胞會逐漸遭受破壞。

發現病毒的歷史

　　19 世紀，人們發現有相當多的感染症是由細菌所引發，但是有一部分感染症，不論怎麼研究也無法找出它的病原菌。1892 年，俄國的伊凡諾夫斯基（Dmitri Ivanovsky）發現了一種叫做菸草鑲嵌病的植物疾病，是由一種比細菌還要小的未知病原體所引發。其後，針對各式各樣的感染症，也發現了類似的病原體，於是這種類型的病原體就被統稱為「Virus」，這個詞語在拉丁文中代表「毒素」。後來，美國人史坦利（Wendell Meredith Stanley）於 1935 年成功提煉出病毒的結晶，並利用電子顯微鏡解析了病毒的真實面貌。病毒是可以形成結晶的，果然還是令人無法將它當作是一種生物啊。

醫療領域的運用

　　近年來，一直有人在研究如何在醫療領域中利用病毒，比如說，利用基因操作的方式製造出只會感染癌細胞的病毒，希望能利用這種方法來治療癌症。另外，還有一種方法是利用具備正常基因的病毒去感染患有基因異常疾病的患者，藉此治療基因異常的疾病。雖然這些療法目前都還沒有正式實際應用，但說不定有一天，這些利用病毒的療法都會普及於世間。

Physics ｜ Electricity ｜ Chemistry ｜ Biology ｜ Geography ｜ Cosmology

呼吸／粒線體

【 Respiration / Mitochondrion 】

為了生存，人類要吸收養分與氧氣來製造能量。
但在這個過程中最重要的機制，
據說其實是因為受到細菌感染才能成立的。

外呼吸、內呼吸與呼吸作用

「呼吸」這個詞語具有許多意義。從氣體交換的角度來看，人類用肺臟呼吸，昆蟲用氣管呼吸、魚用鰓呼吸，將氧氣吸入體內，並將不需要的二氧化碳釋放到體外的動作就稱作「外呼吸」。

身體內部的組織細胞和周圍微血管間的氣體交換則稱作「內呼吸」，也稱為「組織呼吸」。另外，細胞利用氧氣與養分進行反應合成 ATP（三磷酸腺苷，adenosine triphosphate）的反應則稱作「呼吸作用」，又稱作「細胞呼吸」。

呼吸作用

比如說，碳水化合物會透過糖解與檸檬酸循環等過程，最終被分解為水與二氧化碳。這時候就會產生 ATP。另外，在檸檬酸循環過程中所產生的氫離子也會在一種稱作呼吸鏈（電子傳遞鏈）的過程中被接收，並且製造出更多的 ATP。這一系列過程需要消耗氧氣。

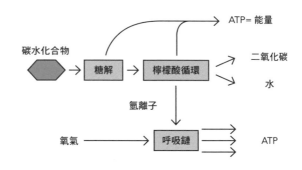

ATP 是一種儲存能量的分子，在需要能量時，可以將 ATP 加以分解，並釋放出能量。生物就是利用這種能量來進行生命活動、驅動身體、繁衍子孫。

粒線體

　　負責進行呼吸作用的，就是被稱作粒線體的胞器（→ p120）。粒線體呈現粒狀或線狀，每個細胞裡都有很多粒線體存在。

在希臘文裡，「mito」就是「線」的意思，而「chondrion」則是「顆粒」的意思。

粒線體的結構

粒線體是由雙層膜所組成，雙層膜的內側有許多皺褶，糖解反應是在粒線體外側的細胞質進行，檸檬酸循環則是在粒線體內部進行，而呼吸鏈則是在粒線體內側的膜上進行。

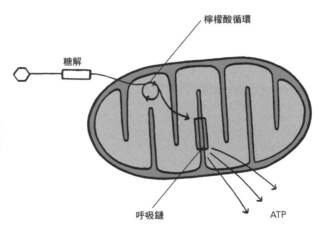

糖解　　　　檸檬酸循環　　呼吸鏈　　ATP

　　粒線體擁有自己的 DNA（→ p132），會在細胞中自己增殖。在生殖時，當卵子與精子結合後，精子裡所含的粒線體就會消失，所以粒線體的 DNA 僅能由母親遺傳給後代，因此只要分析粒線體的 DNA，就可以追溯母系親屬的源流。

　　有一種說法認為，以前粒線體本身是一種獨立的生物。有可能是在很久很久以前，有一種類似於立克次體（流行性斑疹傷寒的病原體）的細菌寄居在原始的真核細胞中，其後這種生物就變成粒線體，這種說法也可以說明為什麼粒線體本身會有自己的 DNA。

光合作用／葉綠體

【Photosynthesis / Chloroplast】

植物是利用光合作用捕捉太陽能，動物則是透過植物獲得養分。
包含我們人類的所有生物之所以可以生存，
可以說都是因為有光合作用的緣故。

光合作用的原理

大多數植物會利用二氧化碳與水作為原料，以太陽能製造碳水化合物，這就是所謂的光合作用。光合作用包含光反應與碳反應兩個階段。

光合作用的兩段反應

在光反應階段，光的能量會先被一種稱作葉綠素的分子捕捉，利用這種能量將水分解為氧氣，過程中會同時製造出電子與ATP（→ p124）。在碳反應中，會利用先前製造出的電子與 ATP，以二氧化碳為原料，經過許多反應步驟，最終製造出碳水化合物。

葉綠素主要吸收藍色與紅色的光，綠色的光線則不太會被葉綠素吸收，因此綠色光會被植物反射，這就是植物看起來是綠色的原因。

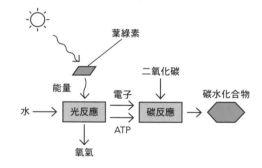

根據在碳反應中最初產生的碳水化合物的種類，可以將植物分成兩種類型。像稻米或小麥等植物，在暗反應中最先製造出的有機物質含有三個碳原子，這種植物就被稱作「C3 植物」。C3 植物的光合作用效率不太高，其效率會隨著氣溫上升而減弱。另一方面，像玉米或甘蔗等植物，最先製造出的有機物質含有四個碳原子，這種植物則稱作「C4 植物」。C4 植物的光合作用效率高，即使處在高溫低水分的環境下也能正常運作。因此也有人在進行如何讓稻米等作物變成 C4 植物，藉此提升生產效率的研究。

行光合作用的位置

光合作用是在葉綠體中進行。

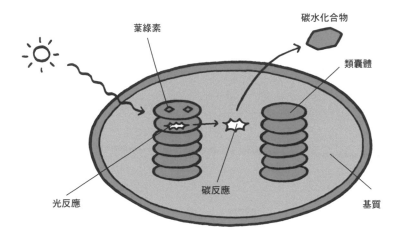

葉綠素

碳水化合物

類囊體

光反應

碳反應

基質

葉綠體的結構

葉綠體跟粒線體一樣,都是胞器(→ p120),由雙層膜構成,雙層膜內部包裹著基質,其中含有以綠色圓盤(稱作「類囊體」)堆疊而成的結構。

　　類囊體的表面含有葉綠素,光反應就是在這裡發生。另一方面,碳反應則是在基質裡進行。

　　葉綠體也跟粒線體一樣,原先可能是其他生物。有可能是在太古時代,有一種叫做藍綠菌的細菌棲息在其他細胞中,之後變成了葉綠體。葉綠體本身也具備獨有的 DNA,可以作為這種說法的佐證。另外,也有部分種類的海牛(一種軟體動物)會從攝取的海藻裡取得葉綠體,並進行光合作用。

蛋白質／酵素

【 Protein / Enzyme 】

形成生物的身體，推動各式各樣生命活動的物質，
對於生命來說，說不定是最重要的一種物質。

形成身體的蛋白質

細胞有 70% 是以水分構成，剩下的 30% 有一半以上是蛋白質。粗略估計，人體內的蛋白質約有 1 萬到 10 萬種。

蛋白質一詞之所以會翻譯成蛋白質，是因為直接翻譯自德文中代表蛋白的 Eiweiß 一詞；在英文中則稱作「Protein」，其語源來自於希臘文中代表「最重要的事物」的詞語。

蛋白質結構

胺基酸的分子以鏈狀連接，此種長鏈纏繞在一起形成特定的結構後，就形成蛋白質。蛋白質加熱後，就會使其纏繞的結構崩潰，讓蛋白質「變性」，無法再發揮原有的作用。

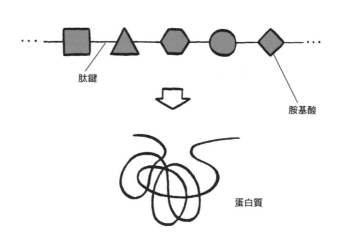

肽鏈

胺基酸

蛋白質

主要的常見胺基酸有 20 種，依據其結合順序不同可以形成各種不同的蛋白質。另外，連接胺基酸分子的化學鍵稱作「肽鍵」。

以分子形狀加以分類時，大致上可以把蛋白質分成以下兩大類。

蛋白質的種類

	特徵	範例
球狀蛋白質	易溶於水，可以在細胞質或血液中發揮各種功能。	白蛋白（維持血液滲透壓） 血紅素（運送氧氣） 各類酵素（後述）
纖維狀蛋白質	堅硬而具有彈性，形成身體的結構。	膠原蛋白（形成皮膚與軟骨等） 角蛋白（形成指甲與毛髮等） 肌動蛋白與肌凝蛋白（形成肌肉）

酵素

　　蛋白質中，有一些種類能加速特定的化學反應，如同觸媒（→ p104），這樣的蛋白質就被稱作「酵素」。比如說，唾液中含有的澱粉酶，它可以加速澱粉降解的反應。在沒有澱粉酶存在的狀態下，澱粉幾乎不會降解。

　　在 18 到 19 世紀間發現了不少酵素，但是直到 1926 年美國的生化學者薩姆納（James B. Sumner）把紅刀豆中含有的酵素加以結晶化並分析後，才確認了酵素的真實身分就是蛋白質。

酵素的作用

酵素發生作用時，會以活性位點的部分與分子結合，並發生特定的化學反應，反應結束後，分子就會脫離酵素，而酵素本身則不會有任何變化。

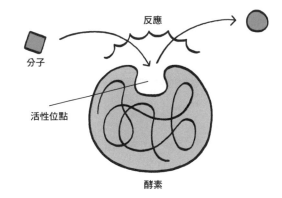

反應

分子

活性位點

酵素

　　在酵素催化的反應中，有許多是人類無法在試管中重現的。某種意義上來說，生物的運作機制比人類的智慧還要高明，因此人類也會借重這種天然的智慧，比如說在清潔劑中添加可以分解脂肪或蛋白質的酵素，提升去除污漬的效果。

基因體／基因

【 Genome / Gene 】

這兩個詞語可說是現代生物研究的中心課題，
但有許多詞語彼此都很類似，令人感到混淆。
所以我們就以料理的配方作比喻來加以說明。

生物的配方

每一種不同的蛋白質，都有一種配方存在，依據這種配方，以特定的順序連接胺基酸（→ p128），就可以製造出該種蛋白質。這種配方就是所謂的「基因」。以人類來說，基因大約有 2 萬種，而「基因體」就相當於將這些配方全部加以收錄的一整套食譜。以人類來說，這套食譜一共分成 23 冊，而一條「染色體」就相當於這整套食譜中的其中一冊。

基因／基因體／染色體

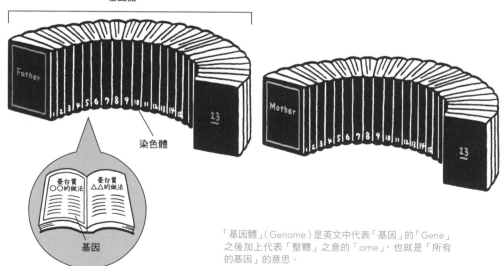

基因體

Father

23

Mother

23

染色體

基因

蛋白質 ○○的做法　蛋白質 △△的做法

「基因體」（Genome）是英文中代表「基因」的「Gene」之後加上代表「整體」之意的「ome」，也就是「所有的基因」的意思。

　　子代會從父方與母方分別繼承基因體，因此，子代體內會有兩個等位基因記載同一種蛋白質的製造方式。如果來自父方與母方的兩個等位基因有些微不同，在製造該種蛋白質時，也會因為實際參照的等位基因配方的差異，使得製造出來的蛋白質有些微不同，造成身體的特徵有所差異，可能與父方或母方較相近。這種具有些微差異的同類基因就被稱作「等位基因」。

　　比如說，有造成耳垂跟臉頰分離的等位基因（以大寫 F 表示）以及造成耳垂跟臉頰緊貼的等位基因（以小寫 f 表示），其中 F 會被優先表現，優先表現的等位基因就稱作「顯性」基因，而不屬於顯性基因的就稱作「隱性」基因。

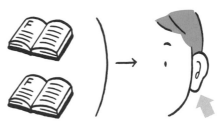

擁有兩個 F 基因的人，當然是表現出 F 基因的特徵，因此耳垂會與臉頰分離。

性別的有無

　　像是哺乳類、鳥類、昆蟲等具備雌雄之分的生物，就會如同前面所說，擁有兩組基因體。這種生物就稱作「二倍體」或是「雙倍體」。另一方面，像是細菌這種沒有雌雄之分的生物只擁有一組染色體，就稱作「單倍體」。人類當然是屬於二倍體。

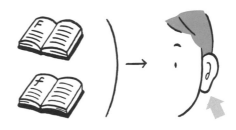

分別擁有一個 F 基因與一個 f 基因的人，其中 F 的基因特徵會優先表現出來，因此耳垂會與臉頰分離。

擁有兩個 f 基因的人，當然是表現出 f 基因的特徵，因此耳垂會與臉頰緊貼。

DNA ／ RNA

【 DNA / RNA 】

如同前一單元所說，蛋白質是依據基因體這種配方來製造的，
因此讓每個人都具有各自不同的特色，
而有一種具備巧妙機制的分子，與這一切有很深的關係。

基因體配方的真面目

記載蛋白質製造方法的「基因體」配方，也有相當於紙與文字的媒體，那就是叫做「DNA」的細長分子。DNA 的結構就像兩條線彼此交纏在一起的形狀（也就是所謂的「雙螺旋」）。

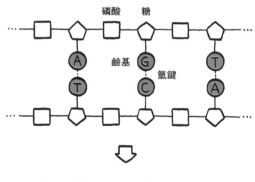

DNA 的結構

糖與磷酸交互結合的細長鏈狀物，每個糖上面都有連接鹼基。兩條這樣的鏈狀物並排在一起，而鹼基之間利用氫鍵這種較弱的化學鍵相互結合。

此種鏈狀物的長度最長可達數公尺，但是粗細僅有百萬分之二公釐，形狀極為細長。

鹼基的種類有四種，包括腺嘌呤（A）、胸腺嘧啶（T）、胞嘧啶（C）、鳥嘌呤（G）。

三個鹼基形成一個單位（稱作「密碼子」），而一個密碼子對應蛋白質中的一個胺基酸。比如說「AGC」這個密碼子就對應到絲胺酸這種胺基酸。感覺就像是三個字母的英文單字對應於一個漢字，而這樣的辭典對應適用於所有生物。

也就是說，糖與磷酸的長鏈就像是印刷食譜的紙張，而鹼基就相當於文字。另外，因為 A 只能跟 T 形成氫鍵，而 G 只能跟 C 形成氫鍵，因此只要其中一條長鏈上的鹼基排序決定了，另一條長鏈上的鹼基排序也會因此確立，這就是所謂的「互補配對」。

對於人類這樣的真核生物（→ p120）來說，必須將極度細長的 DNA 收容在尺寸僅有百分之一公釐左右的細胞核（→ p120）裡。

因此，DNA 會纏繞在稱作組織蛋白的圓盤形蛋白質上，而且是一層又一層地纏繞上去，使 DNA 變得更加緊密，這就是染色體的真面目。

只有細胞分裂時可以明確辨識出染色體的形狀。

染色體的結構

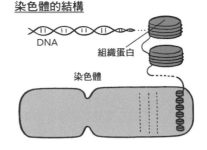

DNA

組織蛋白

染色體

蛋白質的合成

　　合成蛋白質時，首先要把 DNA 的鹼基序列複製到稱作 RNA（mRNA，傳訊 RNA）的分子上（這個程序稱作「轉錄」）。就像是把一本食譜裡一道菜的配方抄錄到便條紙上一樣。RNA 是與 DNA 非常類似的分子，但 RNA 是單鏈結構而不是雙鏈結構。相較於 RNA，DNA 性質較穩定，因此比較適合長期保存遺傳資訊。相對地，RNA 在利用完畢後就可以分解再利用，適合用作短期的紀錄。

RNA 中的糖類與 DNA 中的糖類有些微差異，另外 RNA 之中不含有胸腺嘧啶（T），取而代之的則是尿嘧啶（U）。

轉錄與轉譯

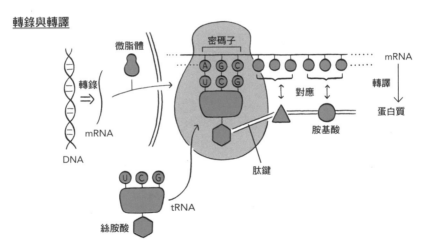

微脂體

密碼子

mRNA

轉錄
⇒

mRNA

DNA

對應

轉譯

蛋白質

胺基酸

肽鍵

tRNA

絲胺酸

轉錄完成的 mRNA 會離開細胞核而進入細胞質，並被固定在一種稱作核糖體的胞器上。這時候，就會有一種稱作 tRNA（轉送 RNA）的分子靠近，結合了 mRNA 的核糖體，tRNA 擁有與 mRNA 的密碼子互補的三個鹼基，並且會將與密碼子對應的胺基酸運送過來。被 tRNA 運送過來的胺基酸會依據胜肽鍵的鍵結順序一個一個連接起來，這樣一來，最終就可以依照 DNA 的鹼基排列製造出相對應的蛋白質。

　　將 DNA 的鹼基排序替換成胺基酸排序的過程被稱作「轉譯」，就像是把英文單字一個一個地替換成漢字一樣，可以說是一種究極的翻譯。

細胞分裂／生殖

【 Cell division / Reproduction 】

生物必須成長、讓身體長大，
也必須要繁衍子孫。
這兩種活動的機制中，有相似的部分，也有不同的部分。

基因體複製

　　在生物成長時，形成身體的細胞（體細胞）會分裂成兩個而使細胞數量增加，這時必須要複製所有的基因體（來自父方與母方的兩組基因體）。

複製的原理

複製 DNA 時，會一面解開兩條 DNA 長鏈，一面利用稱作 DNA 聚合酶的酵素為這兩條長鏈分別製作互補的一條新長鏈，最後就會完成兩條相同的 DNA。

互補配對

DNA

複製

相同

體細胞的分裂

複製完成的 DNA（染色體）會透過一種類似絲線的物體（微管）拉動，正確地區分兩組相同的 DNA，而最後細胞膜會產生凹陷，將整個細胞切成兩半（細胞分裂）。右圖為簡單示意圖。

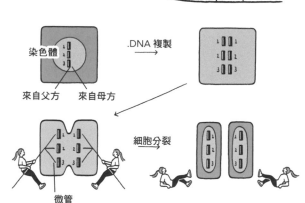

染色體

來自父方　　來自母方

DNA 複製

細胞分裂

微管

減數分裂

另一方面，在製造用來繁衍子孫的精子與卵子(二者統稱為「配子」)時，其細胞分裂的方式與體細胞的細胞分裂略有不同。

減數分裂的程序

(1) 來自父方的染色體與來自母方的染色體會有一部分發生彼此替換的現象（稱作「交叉」）。

(2) 染色體複製後直接分裂成兩條染色體，這時候來自父母雙方的每一個染色體會前往哪一個配子是隨機決定的。

(3) 由此產生的配子僅持有單套染色體（單倍體），染色體的數量從 2 組減為 1 組，所以這種細胞分裂就被稱作減數分裂

透過這種程序，來自父方與來自母方的基因就會發生一定程度的混雜，因此可以製造出各式各樣的配子，這就是為什麼兄弟姊妹之間不會完全一模一樣的原因。

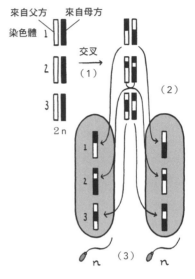

生殖與發育

卵子與精子結合形成受精卵後，染色體就會結合在一起，變回兩組染色體的狀態（二倍體）。受精卵透過細胞分裂形成胎兒的過程在生物學上被稱作「發育」。

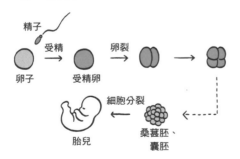

生物的發育

受精卵會不斷地進行細胞分裂（「卵裂」），依序形成「桑葚胚」、「囊胚」等由數十個相同細胞聚集在一起的團塊。

這些細胞會分別變化成皮膚細胞或肌肉細胞等各種細胞（稱作「分化」），並繼續進行分裂，最後就會形成組織與器官，變成胎兒。

像這樣由雌性與雄性產生出子代的過程就稱作「有性生殖」，包含我們人類在內的許多動植物都是進行有性生殖。另一方面，大多數細菌沒有雌雄之分，是利用「無性生殖」來繁衍子孫。

就是因為具備這種複雜的機制，生物才有辦法一代又一代地繁衍下去。

演化

【 Evolution 】

由達文西所建立的演化論體系，目前已徹底得到證實。
生物的特徵與運作原理都可以利用演化來說明。
當然也有些人不願意相信，科學界也有多種討論。

生物會不斷地變化

生物在身體與行動上的特徵（稱作「性狀」），在許多世代之間逐漸發生變化的過程，就被稱作「演化」。這絕對不是神明抱持著某種目的去讓生物逐漸發生變化，而是生物本身受到環境以及與其他生物間交流所造成的影響，自然而然地發生變化。

演化是由「突變」與「天擇」（也稱作「淘汰」）這兩種機制結合而形成。

突變與天擇

在透過減數分裂製造配子時（→p135），有時也會有錯誤發生，使一部分基因發生變化，因此有一部分的子代會具備與其他子代不同的性狀（「突變」）。

因為這種性狀上的不同，有可能會使子代夭折，或是無法找到繁衍對象，使其基因無法被遺傳到下一代。但是如果那種性狀是可以提高生存能力或生殖能力的，這種有所變化的性狀就會被更多子代所繼承（「天擇」），經過許多個世代以後，就會讓所有子代都擁有那種基因，而發生變化前的基因則會在不知不覺間消失。

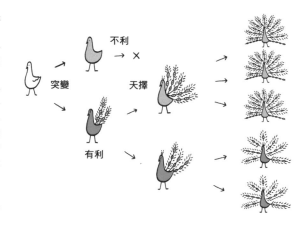

這種生物整體的性狀都逐漸發生變化的過程，就被稱作演化。

馬的演化

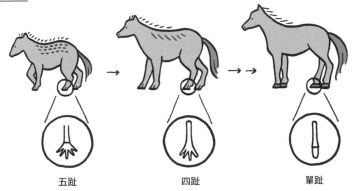

五趾　　　　　　四趾　　　　　　單趾

馬在很久以前其實有五個腳趾，但是在某個時間點發生突變，產生了四趾的馬，因為這種性狀在生存與繁衍上有利，因此四趾的馬增加，最後所有的馬都變成四趾。透過相同的程序，馬的腳趾逐漸減少，現在就變成只有一支腳趾的狀態了。

馬會只有一個腳趾，以及孔雀會擁有巨大的羽毛裝飾，人類會擁有較高的智慧，都是因為像這樣的突變與天擇不斷重複而造成的結果。

無法預期的演化

　　但是，對於生存與繁衍有利的性狀不見得永遠都是天擇下的結果。尤其是對於個體數量較少的群體來說，具備有利性狀的個體有可能會因為偶發因素而夭折，或者是具備不利性狀的個體也有可能因為偶發因素而繁衍了許多後代。這樣一來，整個生物群體會朝什麼方向演化就完全無法預期了，這就是所謂的「遺傳漂變」（就像漂浮在水面上不知會漂向何方的感覺）。

　　比如說，在太平洋某個島嶼上有很多人都是色盲。這是因為在原先就數量稀少的殖民者中有色盲存在，因此這種性狀就在偶然間散布開來。

　　當群體的個體數量較少，而演化朝著無法預期的方向前進時，有時候也會使該種物種滅絕。對於野生動物，除了要加以保護外，還要維繫一定程度的個體數量，主要就是基於這個理由。

荷爾蒙／費洛蒙

【 Hormone / Pheromone 】

人類主要是利用語言來傳達彼此的意志。
但是人體內的器官以及部分生物則是利用化學物質來代替語言，
進行彼此之間的溝通。

荷爾蒙是什麼？

荷爾蒙就是從身體的某個部位對其他部位下達指令的化學物質，即使很微量，荷爾蒙一樣可以發揮作用。送出荷爾蒙、下達指令的器官就被稱作「內分泌器官」。

「荷爾蒙」一詞本來是在希臘文中代表「刺激」的意義。順道一提，這個詞與日文中燒肉料理代表內臟的ホルモン（與荷爾蒙同音）並無關係。

荷爾蒙的範例

胰臟感測到血糖上升時，就會開始分泌一種叫做胰島素的荷爾蒙。偵測到胰島素後，肝臟與肌肉就會開始依照胰島素的指示，努力地從血液中吸收糖分，利用這種方式維持血糖濃度的穩定。

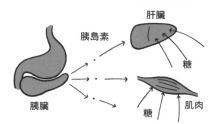

一旦胰臟的健康狀況惡化，胰臟分泌的胰島素就會減少，使得指令無法傳達，造成血糖濃度上升，這就是糖尿病。

荷爾蒙有很多種類，隨著荷爾蒙種類不同，負責下達指令的器官（分泌器官）、接受指令的器官（目標器官）以及指令內容都不同。

各式各樣的荷爾蒙

種類	生長激素	催產素	腎上腺素	睪固酮	雌激素
分泌器官	腦（腦下垂體）	腦（下視丘）	腎臟（腎上腺）	睪丸	卵巢
目標器官	全身	子宮、乳腺	心臟、血管	全身	全身
指令	活化細胞分裂	收縮肌肉	增加血流	使身體男性化	使身體女性化

近年來，有人提出在塑膠或塗料中所含有的類似荷爾蒙的微量物質會進入人體內，造成內分泌混亂的說法，這樣的物質稱作「內分泌干擾物質」或「環境荷爾蒙」。但是，現在似乎還沒有辦法確定這種影響程度到底有多大。

費洛蒙是什麼？

在日常生活中，費洛蒙一詞往往被用來指稱吸引異性的性感特色，但費洛蒙本來是生物學的用語，在體內發出指令的化學物質稱作荷爾蒙，相對地，釋出體外、對其他個體傳遞指令的化學物質就稱作費洛蒙，也就是利用化學物質來替代語言、鳴叫或肢體動作來對其他個體傳遞資訊。費洛蒙也一樣，即使很微量也可以發揮作用。

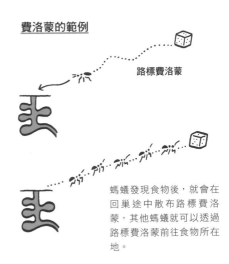

費洛蒙的範例

路標費洛蒙

螞蟻發現食物後，就會在回巢途中散布路標費洛蒙，其他螞蟻就可以透過路標費洛蒙前往食物所在地。

費洛蒙也有各式各樣的種類。比如說雌性蠶蛾就會在身體發育到性成熟階段釋放性費洛蒙，雄性蠶蛾則會感測性費洛蒙，並對雌性展開追求。另外，胡蜂在遭受攻擊時會放出警戒費洛蒙，指示同伴進入備戰狀態。

有人認為，因為人類具備發達的語言能力，因此變得不需要仰賴費洛蒙，所以漸漸失去釋放與感測費洛蒙的能力。但是最近也發現，人類其實也同樣具備費洛蒙。比如說，據說讓女性聞到其他女性腋下的味道，就會因此改變其月經週期。但究竟是什麼樣的物質會引發何種機制與作用，仍需要進一步詳加研究。

免疫／疫苗／過敏

【Immunity / Vaccine / Allergy】

生物並非生存在完全無菌的狀態下，
因此隨時都在承受各種不同入侵者的攻擊。
防備這種攻擊的機制對生物來說非常重要。

生物的防衛系統

　　一旦有病原體等異物入侵身體，就會有「免疫系統」發生作用，並且嘗試將其排除。「免」字代表的是「免除」，而「疫」字代表的是「疫病」，所以免疫就是「避免感染疫病」的意義。免疫機制可以大略分成兩個階段，而其中有各種細胞彼此協調，一起發揮作用。

免疫的機制

○第一階段（先天性免疫）　巨噬細胞、嗜中性球、嗜酸性球吞食入侵體內的異物。

○第二階段（後天性免疫）　樹突狀細胞會把屬於異物的蛋白質的一部分（「抗原」）呈現在表面上，並且傳遞給輔助 T 細胞。

→接收抗原的輔助 T 細胞會釋出一種叫做細胞激素的物質，對殺手 T 細胞與 B 細胞下達攻擊指令。

→接收到攻擊指令的殺手 T 細胞會攻擊異物或是被感染的細胞。

→ B 細胞會接收抗原，並將其與一種叫做免疫球蛋白的分子連接，藉此製造「抗體」。

→抗體會附著在異物上，並將其殺死。

→接收了抗原的 B 細胞可以持續分裂，生產更多抗體。

　　先天性免疫是一旦接觸到外來異物就會逐一加以攻擊，而相對地，後天性免疫則是會以抗原為標的，有效率地對異物發動攻擊，而且一旦辨識過特定異物，這樣的資訊就會記憶在體內，下一次有相同異物入侵時就可以立刻發動攻擊。

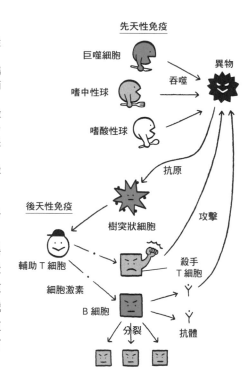

先天性免疫
巨噬細胞
嗜中性球
嗜酸性球
異物
吞噬
抗原
後天性免疫
樹突狀細胞
攻擊
輔助 T 細胞
細胞激素
B 細胞
殺手 T 細胞
分裂
抗體

疫苗

疫苗就是一種利用後天性免疫機制，提升身體對病原體抵抗性的物質。

利用免疫機制預防疾病

接種了去除病原性的德國麻疹病毒後，就可以讓 B 細胞記住辨識、攻擊德國麻疹病毒的資訊，這樣日後即使有具備病原性的德國麻疹病毒入侵，也可以立刻利用免疫機制加以排除。

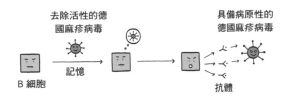

雖然也有人認為疫苗本身有危險性，但並沒有證據可以證實這種說法。拒絕接種疫苗，造成自己感染傳染病，並傳染給別人，才是更加危險的事吧。

過敏

免疫機制過度敏感，並對身體造成不良影響的現象就是過敏。花粉症就是免疫機制對於花粉過度敏感所發生的一種過敏。異位性皮膚炎也是發生在皮膚上的一種過敏現象。

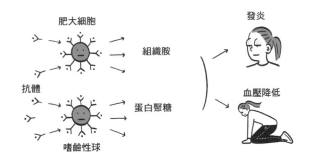

免疫系統的失控

抗體生產過剩時，就會附著在肥大細胞與嗜鹼性球等細胞上，釋放出大量組織胺與蛋白聚糖等物質。這些物質會引起發炎或血壓降低等問題。

也有一些過敏現象會引發非常嚴重的症狀，這種過敏被稱作過敏性休克。被蜜蜂螫、服用與體質不合的藥物、輸入不同血型的血液都有可能引發過敏性休克，如果不馬上處理，會危及性命，所以要特別注意。

據說過敏體質與成長環境以及腸道細菌的狀態有很大關係，若進一步加以研究，說不定總有一天可以完全治癒過敏問題。

生物複製／ iPS 細胞

【 Clone / iPS cell 】

雖然這種技術在治療各種疾病上備受期待，
另一方面，也有意見認為人類不應該操控自然的機制。
不過在此之前，還是需要先了解其背後原理是什麼。

生物複製是什麼？

形成一個個體的細胞，不論是哪一個，它所具備的基因體都與原先個體一模一樣。因此，如果可以使用從原先個體體內取出的細胞來製造新個體，就可以讓新舊個體都具有完全相同的基因體，這就是「生物複製」。

利用接枝的方式，可以製造出樹木的生物複製體（「生物複製（clone）」一詞原先就是希臘文中代表「細枝」的詞語）。但是，像人類這樣的高等動物的體細胞會分化（→ p135）成肌肉細胞與神經細胞等各類細胞，因此想要製造全新的個體，就需要像卵子這樣還沒有分化的細胞（未分化細胞），而想利用一個體細胞製造出新個體是不可能的。

製造生物複製體的方法

利用另外準備的卵子，除去其細胞核，並且植入
從體細胞中取出的細胞核，這樣一來就可以製造
出含有體細胞的細胞核，但卻還沒有完全分化的
細胞。利用這個細胞，就能製造出生物複製體。

（未分化）

含有體細胞基因體
的細胞核

細胞核

生物複製體

體細胞
（已分化）

去除細胞核的卵子
（未分化）

利用這個方法，全世界第一隻複製羊「桃莉」在 1996 年誕生了，其後也有許多像是牛或狗的哺乳類動物有了生物複製體。理論上，也一樣可以製造人類的複製體，但這還有很多倫理方面的問題需要釐清。

iPS 細胞

利用自己的體細胞製造臟器，再與已經受損的臟器替換，就可以治療各式各樣的疾病，因此必須讓已經分化的體細胞回復到尚未分化的狀態下（「初始化」），再讓這種細胞重新分化，形成其他種類的細胞。

iPS 細胞的製造方法

體細胞（已經分化）

初始化　　山中因子

iPS 細胞（未分化）

分化

神經細胞　　心肌細胞　　肝臟細胞

2006 年，京都大學的山中伸彌發現，只要將四個基因（稱作「山中因子」）送進體細胞中，就可以引發細胞初始化，而利用這種方式製造出來的就是「誘導性多功能幹細胞」，培養這種細胞，就可以令其分化成各式各樣的細胞。

所謂的 iPS 細胞，就是「Induced pluripotent stem cell」（誘導性多功能幹細胞）的簡稱，也就是「以人工方式所製造，可以分化成各種細胞的幹細胞」的意義。縮寫中的 i 之所以寫成小寫，據說是因為模仿 iPhone 以及 iPod 的風格。

目前利用 iPS 細胞製造臟器，或是利用 iPS 細胞針對個人開發專屬藥物的研究正在熱烈進行中，山中伸彌也在 2012 年獲頒諾貝爾生理醫學獎，僅在研究成果發表後 6 年就獲獎，對於諾貝爾獎來說是非常特別的事，由此可以看出 iPS 細胞受矚目的程度。

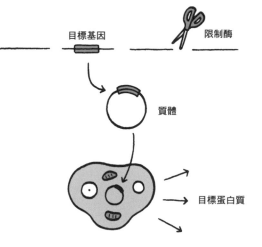

基因操作／基因體編輯

【Gene manipulation / Genome editing】

目前的技術，已經可以依照人類需求對生物的基因體進行一定程度的修改。
如果使用方式正確，就可以對人類有莫大貢獻，
但如果稍有不慎，就有可能引發危險的後果。

操作基因

把想要的基因送進細胞裡，或者是讓不喜歡的基因無法發揮作用的行為，稱為「基因操作」。

目標基因　　限制酶

以往的基因操作技術

先用限制酶把含有預定要送進細胞的基因之DNA切分成細小片段，再將含有目標DNA的片段，嵌入稱作「質體」的小型環狀DNA裡，將完成的質體送進細胞後，這些被送進細胞的DNA就會發生作用，製造出新的蛋白質。

質體

目標蛋白質

目前已經利用基因操作的方式，製造出對農藥與病蟲害具有較強抵抗力的馬鈴薯與玉米，以及營養價值較高的大豆與稻米等。雖然也有人認為，這種基因操作作物會對人體或環境產生不良影響，但目前還沒有確切的證據。

新的基因操作方法

　　以往的基因操作方法中所使用的限制酶，沒有辦法確切指定要切分 DNA 的什麼位置，會在許多地方切割出 DNA 片段，因此想要將目標基因送進細胞，就需要以試誤的方式反覆嘗試，但這有可能引發難以預期的不良影響。2014 年，博勞德研究所的張鋒（Feng Zhang）以及加州大學柏克萊分校的杜德納（Jennifer Doudna）與夏彭提耶（Emmanuelle Charpentier）開發出可以更精密且自由地指定 DNA 切分位置的新手法，那就是 CRISPR／Cas9。

基因體編輯的原理

(1) 以人工方式，針對 DNA 上想要切斷部分之鹼基序列，合成與其互補的引導 RNA。
(2) 將這個引導 RNA 與稱作 Cas9 的酵素一起放進細胞中。
(3) 這樣一來，引導 RNA 就會與 Cas9 彼此配合，正確地附著到 DNA 的目標位置上，並且由 Cas9 切斷 DNA。

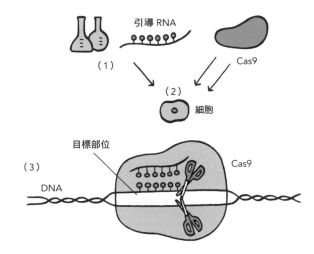

　　若想要讓某個基因不再發生作用，只要利用這種方法，把那個基因位置上的 DNA 切除就可以了。另外，如果想要在特定位置上插入新的基因，也可以先在那個位置上製造缺口，再把新的基因引導到該位置即可。

　　因為這樣的基因操作方法，可以自由編輯基因體的內容，所以就被稱作「基因體編輯」。目前認為基因體編輯技術可以用來預防遺傳疾病，或是讓入侵人體的病毒失去作用，因此相關研究十分興盛。但是如果使用不當，可能引發嚴重的倫理問題，因此必須在為時未晚時，先訂定確切的指引加以規範。

端粒

【 Telomere 】

長生不老，永保青春，相信是所有人的夢想。
事實上可以掌握這種夢想的關鍵，就存在於基因體中。

細胞分裂的回數票

人體的細胞隨時都在誕生與死亡，細胞生存時間一長，其功能就會減弱、並引發危害，因此細胞具備自我破壞的機制，到了一定時間就會死亡（此種機制稱作「細胞凋亡」）。像是胃腸等細胞的工作環境特別嚴酷，因此大概一天之內就會死亡，並替換成新細胞，紅血球可以生存數個月，而造骨細胞則可以生存約 10 年左右。

雖然可以透過細胞分裂產生新細胞來代替凋亡的細胞，但在細胞分裂時發揮作用的酵素 DNA 聚合酶（→ p134）卻有一點缺陷。

DNA 複製的缺點

在 DNA 末端，存在著 50~100 組連續重複排列的 TTAGGG 鹼基序列，這個部分被稱作「端粒」。DNA 聚合酶會一面沿著 DNA 的長鏈移動，一面複製 DNA，但是 DNA 聚合酶最初與 DNA 結合的媒介，也就是最末端的 TTAGGG 部分，卻是無法複製的，因此每當分裂產生新細胞時，TTAGGG 的序列就會減少一組。

在希臘文中，「telo」代表「末端」，而「mere」則是代表「部分」，因此結合起來就如同字面上的意義，代表「末端部分」。

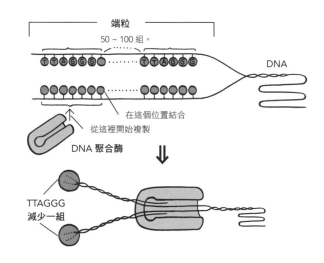

端粒
50 ~ 100 組。
TTAGGG ···· TTAGGG
DNA
在這個位置結合
從這裡開始複製
DNA 聚合酶

TTAGGG
減少一組

因此，每當透過細胞分裂來製造新細胞時，端粒就會漸漸縮短，當最後端粒完全耗盡時，DNA 上就再也沒有可以跟聚合酶結合的位置，細胞也就無法再分裂了。端粒就像是僅有數十張的回數票，每當細胞分裂一次，回數票就會被撕掉一張，當回數票用完，一切就結束了。

端粒與老化

當臟器的細胞無法再繼續分裂，那個臟器就會越來越衰弱，而當全身細胞都無法再繼續分裂時，人就只能因為衰老而死亡。因此，一般認為端粒掌握著個體老化與壽命的關鍵。

老化的真相？

比較小孩與老人的細胞，就可以發現其中端粒長度不同。另外，壽命僅有 1～2 年的老鼠，其端粒的重複排列大約只有 10 組，但是可以存活 100 年以上的象龜，則有將近 100 組的端粒。

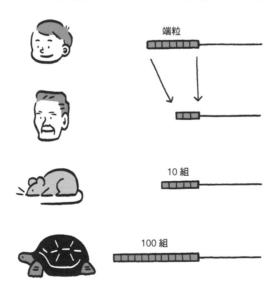

製造卵子或精子時，會因為端粒酶這種酵素的影響而使端粒伸長，給予即將出生的孩子端粒較長的 DNA。對於身體中的細胞來說，端粒酶不會發生作用，但如果可以利用人工方式延長端粒，或許就能實現返老還童的夢想。

自噬作用

【Autophagy】

2016 年，大隅良典因為自噬作用相關研究而獲頒諾貝爾生理醫學獎。
在此之前，這是一個幾乎不受關注的現象，
但其實它在生存與老化中都扮演了重要角色。

細胞的垃圾處理

在細胞中，有各式各樣的胞器（→ p120）與蛋白質在努力工作，但工作過程中，它們會漸漸受到損傷，總有一天會變成造成拖累的垃圾，甚至還會危害健康。因此在細胞中有清理受損的胞器並加以回收的機制。

自噬作用的機制

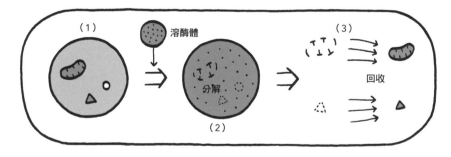

(1) 以膜包圍受損的胞器與蛋白質而形成囊袋。
(2) 含有分解酵素的溶酶體會與囊袋結合，分解受損的胞器與蛋白質。
(3) 被分解的材料（胺基酸等）會被回收，用來合成新的胞器與蛋白質。

這種作用就稱作「Autophagy」（自噬作用），「auto」代表「自行」，而「phagy」則是代表「吞食」，將兩個字根合在一起，代表的就是「細胞自己吞噬自己的一部分並加以分解」的意思。

1988 年，大隅第一次在顯微鏡下發現自噬作用，並在 1993 年發現了 14 個自噬作用所必需的基因。

各式各樣的作用

自噬作用也可以在細胞飢餓時發揮作用。缺乏養分，造成製造胞器與蛋白質的材料不足時，細胞就會透過活化自噬作用的方式，推動材料的回收。透過此種方式，就可以持續製造出生存所必須的胞器與蛋白質。

另外，用來排除入侵細胞異物的免疫機制（→ p140）也與自噬作用有關，可以利用膜將異物包裹後再加以分解。

而且，據說自噬作用也跟老化有關。

自噬作用與阿茲海默症

一旦神經細胞老化，自噬作用的機制就會變弱，稱作類澱粉蛋白 β 的有害蛋白質就會持續累積在細胞中，老人斑就是這種蛋白質堆疊後所形成的。也有人認為這或許是造成阿茲海默症的可能病因。

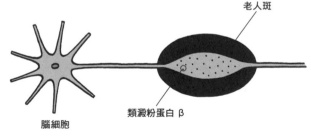

老人斑

類澱粉蛋白 β

腦細胞

這裡所說的老人斑，不是指臉上的斑點，而是腦中形成的黑色小型塊狀物。

有一種說法認為，吃飯時控制在八分滿的飽足感，就可以讓細胞處在適當的飢餓狀態下，使自噬作用活化，抑制老化的進行。所以自噬作用的研究說不定也可能與防老化有關。

生物量、生質

【 Biomass 】

生質一詞最近因為環保與能源問題而備受矚目，
但其實它的英文 Biomass 原本是另外一種意義。
另外，生質技術並非一切都很美好，它也有自身的問題存在。

Biomass 一詞原本的意義

「bio」代表的是「生物」，而「mass」則可以代表「量」，所以「Biomass」一詞可以翻譯成「生物量」。Biomass 這個詞本來是代表棲息在某個場所的生物總重量。

比如說，在被稱作生物寶庫的熱帶雨林裡，每一平方公尺平均有重量 45 公斤的生物棲息，相對地，沙漠乎沒有生物棲息，所以每平方公尺的生物量就不到 100 公克。

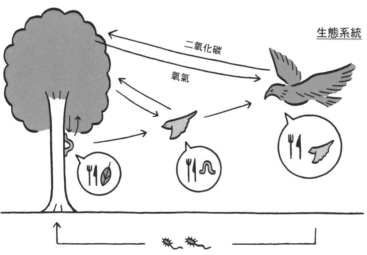

生態系統

二氧化碳

氧氣

生態系統中，生物會被其他生物捕食（食物鏈）。
當生物死亡以後，會因為微生物作用而腐敗，回歸塵土，並再度成為植物的養分。
另外，動物會吸收氧氣、吐出二氧化碳，但植物則會吸收這些二氧化碳，並且釋出氧氣。

就像這樣，生物所製造的物質會不斷循環，因此生物量會維持在幾乎恆定的狀態。如果這種循環有正確進行，生態系統就會很安定。但如果砍伐森林，或因為人類活動而排放出大量二氧化碳，這種循環的平衡就會有所偏移，甚至可能造成生態系統的崩潰。

生質燃料的優點與問題

石油與煤炭等石化燃料使用越多，總量就越來越少，最終一定會面臨枯竭。相對地，如果是來自生物的物質，即使用來當作燃料，最後也會因為自然增加的量而回到原本的總量。因此近年來，這種生物資源就被稱作「Biomass」（生質），變得備受矚目。目前已經實用化的生質燃料包括由家畜的屎尿產生的甲烷瓦斯，以及利用玉米等作物獲取的乙醇等。

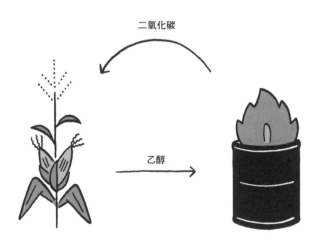

二氧化碳

乙醇

碳平衡

燃燒生質燃料，就會產生二氧化碳，但是二氧化碳最終也會被植物利用來進行光合作用，在生態系統中循環，因此從理論上來說，地球整體的二氧化碳總量不會有所增加，這就稱作「碳平衡」，也就是「二氧化碳的量沒有增加也沒有減少，處於平衡的狀態」的意思。

在美國或巴西等地，曾經有一段時間因為用作生質燃料的作物栽培量遽增，使得用於食品與飼料的作物產量減少，引發食糧不足與食品價格高漲，各國政府的生質燃料促進政策也同時發揮了推波助瀾的效果。不論是什麼樣的環境對策，都必須要明辨其優點與缺點，並巧妙地加以運用，這才是最重要的。

這件事跟那件事之間，真的有關係嗎？

因果關係與相關關係

大眾媒體以及一些啟人疑竇的評論家，常會利用彷彿有科學根據的奇言妙論來蠱惑一般大眾。比如說，應該有很多人聽說過「派出所的數量增加會造成犯罪案件增加」、「吃早餐的人考試成績會變好」、「O型的人容易出交通意外」等說法。當這樣的說法出現時，多半都會配合具體的數據或圖表，講得好像真的已經經過科學驗證一樣。但是千萬不要就這樣被騙了，因為那都是想要讓你對「因果關係」與「相關關係」的認知發生混淆的一種策略。

所謂的因果關係，如同字面上所說，就是原因與結果之間的關係。比如說，「好好念書就可以進入比較好的大學」就是一種因果關係。因為「好好念書」的原因，帶來了「進入比較好的大學」這個結果，而為什麼會有這個現象，則可以合理的加以解釋：只要好好念書，就可以提升自己的學力，而學力提升就可以進入比較好的大學。這是任何人都可以接受的道理。

另一方面，所謂的相關關係，就是在某個數據有所改變時，會有其他數據因此發生變化，這與能否合理解釋並沒有關係。前面舉例的好好念書與上好大學的關係，同時是因果關係也是相關關係。越認真念書，進入好大學的可能性也越高。這種具備因果關係的事物，必然也具備相關關係。

不過即使相關關係成立，也不見得代表因果關係會成立。也就是說，即使在數據上有相關性，實際上不互為因果的例子也有很多，這就是一種難以預料的陷阱。

以「派出所的數量增加會造成犯罪案件增加」這個例子來說，如果你實際收集數據，確實會發現派出所數量越多的地區，犯罪案件的數量也越多，因此二者之間的相關關係是成立的。但即使如此，也不代表「派出所的數量增加」這件事情是原因，從而引發了「犯罪案件增加」的結果。這樣的事情無法有一個合理的解釋。這時合理的推測應該是，因為某些地區本來就是犯罪發生率較高的區域，所以才會設立比較多的派出所，也就是說，實際的原因與結果其實是顛倒的。

【案例1】

接下來，有關「吃早餐的人考試成績會變好」的說法，這也是如果單純看數據，確實會感覺好像有吃早餐的學生成績會比較好。也就是說，二者之間確實有相關關係，但應該並不是「吃早餐」這個因素造成「成績變好」的結果。可以合理推測其實是因為另外一個「家長較關心教養」的因素存在，同時造成了「有吃早餐」以及「成績好」這兩個結果。也就是說，只不過是因為兩件事情有共通的原因，因此形成了相關關係而已。這種案例就被稱作「偽關係」。

【案例2】

第三個例子，「O型的人容易出交通意外」，這肯定只是單純的偶然吧。人的性格與血型毫無相關性，這點在科學上已經經過充分驗證。世界上有為數龐大的各種數據，只要有心去找，像這種只是純粹出於偶然而有相關關係的狀況，總是可以找出很多，而這應該也是其中之一吧。當然這兩者之間是沒有因果關係的。

【案例3】

這三個例子算是滿清楚的，應該不會有人真的誤解而相信吧。但是在這個世界上，充斥著許多利用更加巧妙的方式，將毫無因果關係的數據偽裝成彷彿有因果關係一樣，企圖藉此牟利，或是藉此強行對外灌輸自己想法的大有人在。尤其是對於健康、社會問題、教育、食品安全、放射性等有許多人關注，且人人都想作出一點改變的話題，就更需要注意了。「即使有相關關係存在，並不表示因果關係就一定成立」這個概念，希望各位可以銘記於心。即使碰到了乍看之下正確的數據，也要用自己的頭腦，冷靜思考其中是否真的有因果關係，這點是很重要的。

Geography

地科

住在日本的人們必須要與地震及火山爆發等自然災害共處。
如果想要在災害中保護自己，
就不能不對囊括地質與氣象相關學問的地球科學知識有所認知。
但是在科學中，地理總給人一種次要的印象，
在日本高中也不會被列為先修或必修科目。
不過，還是應該要讓大眾對於地球科學知識有一定程度的關心，
或許還是應該在國民教育中提升地球科學的地位比較好。

低氣壓／高氣壓

【 Low pressure system / High pressure system 】

只要可以掌握這兩種氣象原理，
就可以大致了解有關天氣的知識，
應該也能夠理解氣象預報員的解說了。

氣壓與風

氣壓高的現象，其實就是那個地方空氣比較多的意思。反過來說，氣壓低就表示該處的空氣比較少。而空氣會從氣壓較高的地方流動到氣壓較低的地方，因此就吹起了風。

氣壓是以百帕（hPa）為單位來表示。在平地的平均氣壓大約是1000 hPa。在天氣圖上描繪的等壓線，所代表的意義就是「在這條線上的地點，氣壓都是○○ hPa」。不同等壓線就代表不同的氣壓值，但是在同一條等壓線上的氣壓值則是在所有位置都相同。

等壓線的間距越窄，空氣多與少之間的差異就越大，風勢也越強。相對地，等壓線的間距越寬，風勢就越弱。

等壓線與風

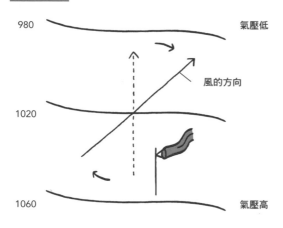

980　　　　　　　　　　　　　氣壓低

風的方向

1020

1060　　　　　　　　　　　　　氣壓高

比如說，如果有一張天氣圖的等壓線如左圖所示，那麼正中央等壓線北方的氣壓就會低於1020 hPa，而南方的氣壓則會高於1020 hPa。在此圖中，南方的空氣較多，因此風會從南往北吹，但是因為地球會自轉，所以風的方向會略為偏右（如果是在北半球的話）。

低氣壓與高氣壓的原理

當低氣壓到來，天氣就會變壞，而如果高氣壓到來，天氣就會放晴，想要理解其中緣由，就必須要先了解以下兩個重點。

(1) 越往上空，氣溫就越低，高山上之所以比較冷就是這個緣故。

(2) 空氣中含有水蒸氣，空氣一旦降溫，水蒸氣就會變成細小的水滴，並且形成雲。相反地，如果空氣變暖的話，水滴就會變成水蒸氣，使雲層消失。

低氣壓與高氣壓

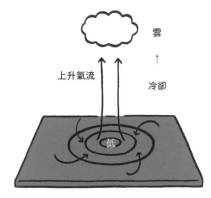

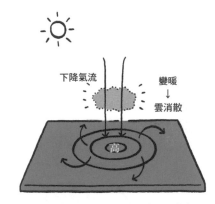

如果某個地方的氣壓比周圍低，那麼空氣就會從四周流入，流入的空氣會因為無處可去而往上空移動（上升氣流），並且在上空冷卻，使水蒸氣變成水滴，因此形成雲層，於是天氣就變差了。

如果某個地方的氣壓比周圍都高，那麼空氣就會往四周流出，這樣一來，往外流出的空氣有多少，就會有多少空氣從上空降下來（下降氣流）。即使上空有雲層存在，也會因為空氣下降而變暖，造成雲層消失，於是天氣就放晴了。

究竟多少 hPa 以上是高氣壓，多少 hPa 以下是低氣壓並沒有一定準則。規則很簡單，氣壓比周圍高的地方就是高氣壓，而氣壓比周圍低的地方則是低氣壓。

在北半球，風會往等壓線且偏右的方向吹，風會從高氣壓的地點呈順時針方向往外部吹出，並朝著低氣壓的地點呈逆時針吹入。只要記住這點，就可以在天氣預報的天氣圖出現時，對於自己所在位置會吹什麼方向的風一目瞭然了。為了避免忘記到底是高氣壓還是低氣壓吹順時鐘方向的風，可以利用「高時鐘」的口訣來幫助記憶。

鋒面

【Front】

鋒面與低氣壓一樣，都是天氣變差的原因。
依照狀況不同，其影響有可能比低氣壓還嚴重。

空氣的分界

在氣象上來說，空氣有可能在數十公里或數百公里的範圍裡，幾乎不與另外一團空氣彼此均勻混合的，這種現象讓人有些意外。即使暖空氣與冷空氣接觸，在短暫時間內，雙方還是會各自分別保持溫暖與寒冷的特性，而它們的交界處就是「鋒面」。

暖鋒

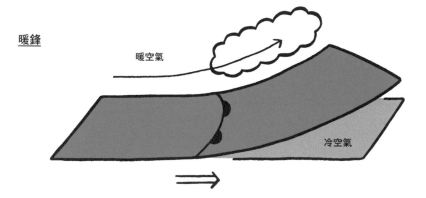

當暖空氣碰撞上冷空氣時，暖而輕的空氣就會覆蓋在其上，因為升到上空的暖空氣會冷卻，所以就會產生雲層，這就是「暖鋒」。暖鋒會在相當大的範圍裡形成雲層。

因為暖空氣會持續推動冷空氣，因此暖鋒會持續由空氣較為溫暖的地方往空氣較為寒冷的地方推進。在天氣圖上，會以半圓的方向來表示暖鋒鋒面的移動方向。

當冷空氣與暖空氣的推力幾乎相同，而鋒面位置幾乎沒有移動時，這種鋒面就被稱作「滯留鋒」，梅雨鋒面就是在梅雨季時發生的滯留鋒。

冷鋒

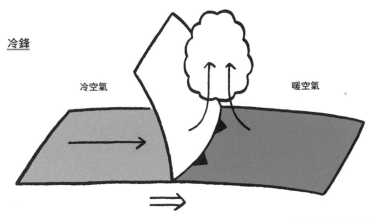

冷空氣   暖空氣

相對地，當冷空氣碰撞暖空氣時，冷而重的空氣就會從下方切入，被推往上方的暖空氣會因此被冷卻，因而產生雲層，這就是「冷鋒」。冷鋒會在狹窄的範圍裡形成強力的雨雲，因此冷鋒有可能會造成豪雨驟降，並引發河川氾濫等災害。

因為冷空氣會持續推動暖空氣，因此冷鋒會持續由空氣較為寒冷的地方往空氣較為溫暖的地方推進。在天氣圖上，會以三角形的方向來表示冷鋒鋒面的移動方向。

鋒面還有另外一種，那就是「囚錮鋒」，這是當冷鋒追上暖鋒時所出現的現象。

日本的天氣

在日本，尤其在春秋兩季，來自熱帶的暖空氣與來自北極的冷空氣往往會彼此互相碰撞，因此形成鋒面。一旦鋒面產生，其上方就會發生渦狀氣流，因此容易會產生低氣壓。因為這種現象會持續不斷發生，因此天氣每隔幾天就會有所改變。

天氣改變

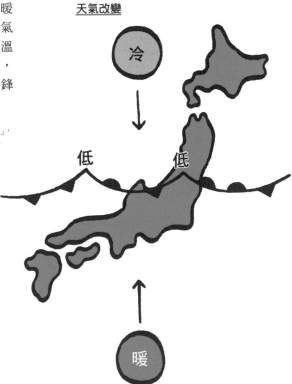

冷

低   低

暖

颱風

【Typhoon】

誕生在熱帶與亞熱帶海面上，
會引發各式各樣的災害，是一種令人很傷腦筋的現象。

生成與發展的機制

簡單來說，颱風就是在熱帶產生的強力低氣壓。

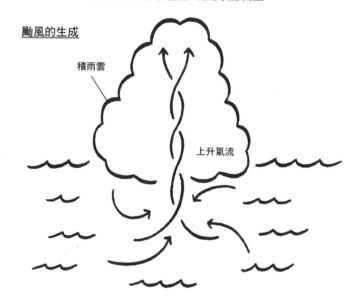

颱風的生成

積雨雲

上升氣流

在赤道附近，從北方與南方吹來的風會彼此撞擊，形成渦流後上升。在熱帶區域，因為海水溫暖，所以海面附近的空氣含有大量水蒸氣，這種水蒸氣被帶到上空後，就會形成許多積雨雲，而此時所釋放的凝結熱（→ p101）使氣溫上升，會使上升氣流變得更強，颱風就這樣形成了。

中心的最大風速在每秒 17 公尺以上的氣象現象稱作「颱風」，而中心最大風速未滿每秒 17 公尺的則稱作「熱帶低氣壓」，以此作為區別，但其實二者之間的差別只有威力大小而已，運作機制則完全相同。另外，在美洲沿岸發生的則稱作「颶風」（Hurricane），在印度洋與南半球產生的則稱為「氣旋」（Cyclone），這些氣象現象跟颱風的差異只是名稱不同而已。

在颱風內部會不斷有積雨雲此起彼落地消散再產生。上升氣流產生的積雨雲會降下大量雨水，而因為降雨的影響又產生寒冷的下降氣流，使得積雨雲接二連三地消失。但是因為這種強大的下降氣流，使得附近的空氣很快又被往上推動，產生出新的積雨雲，像這樣一次又一次周而復始，使得颱風持續發展。

颱風的發展

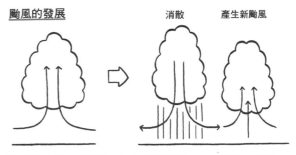

較強的颱風之所以會有颱風眼結構，是因為上升氣流過強，因而產生渦流。只要想像那是把浴缸的塞子拔掉後產生的漩渦反過來的狀態就可以了，在渦流的中心是無風地帶，也不會產生雲。

靠近日本

夏天，在日本東南方海上會有高氣壓盤踞。高氣壓會以順時針方向吹出氣流（→ p159），因此在日本會吹南風，颱風也會順著這種風勢從熱帶往日本靠近。

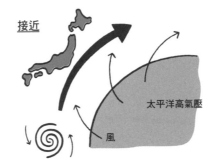

接近

太平洋高氣壓

風

當颱風處在水溫較高的海面上時，會吸收海水所產生的水蒸氣，讓颱風的規模持續發展，一旦颱風登陸，或者是進入較冷的海域，就會因為失去水蒸氣的供給，失去形成積雨雲的材料，使颱風衰減而變成熱帶低氣壓。而且如果颱風北上，當北方吹來的冷空氣進入，也會往東西方展開鋒面，衰減為溫帶低氣壓。颱風有可能會保持其威力而轉變為溫帶低氣壓，也有可能會在轉變為溫帶低氣壓後反而變得更強。因此即使它已經不再是颱風，也不可以掉以輕心。

颱風的右側與左側

颱風是低氣壓的一種，因此其方向為逆時針吹動（→ p159）。在颱風的右側，颱風本身的風會與將其向北推動的南風發生加成作用，使得風勢越來越強，因此颱風大致上都是右側威力較強。下次如果電視台播報颱風資訊時，你可以仔細看看，暴風圈與強風圈的圈圈應該都是右邊比較大。

抵銷
＝
減弱

加乘
＝
增幅

推動颱風的南風

颱風本身的風

Physics　│　Electricity　│　Chemistry　│　Biology　│　Geography　│　Cosmology

極光

【Aurora】

雖然在電視上也可以看到極光的美麗景觀，
但還是希望有機會可以親眼目睹一次。
極光現象是發生在比雲層還要高很多的高空，
而且實際上與太陽間有很密切的關係。

極光產生的機制

太陽會以每秒幾百公里的超高速度吹出電子與質子（→ p34）等帶有電荷的粒子，這就稱作「太陽風」（雖然叫做風，但事實上並不是一種氣流）。

來到地球的太陽風

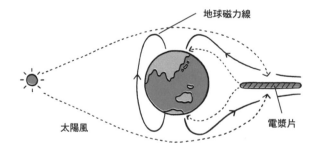

地球磁力線

太陽風

電漿片

地球帶有磁性，在周遭宇宙空間形成磁場（→ p62），向地球吹拂的太陽風會被這種地磁所吸引，不斷累積在圍繞地球後方的磁場中（這被稱作「電漿片」）。最後，其中一部分會隨著磁力線流向南極與北極。

極光的真面目

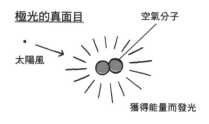

太陽風

空氣分子

獲得能量而發光

這種太陽風的粒子抵達海拔 100 公里以上的高空時，會撞擊到大氣中的氧分子與氮分子，並給予它們能量，讓這些分子發光，這種光線就是所謂的極光。

在海拔高度 150 公里以上時，氧分子會發出紅光，而在海拔高度較低的 100 ～ 150 公里處，氧分子會吸收更多的能量而放出綠光，因此有時可以同時看見上方的紅光與下方的綠光（兩色極光）。另外，在更上方的海拔數百公里處，有時候也會有氮分子發光而產生紫色的極光。

極光會出現在什麼地方

極光會出現的地點

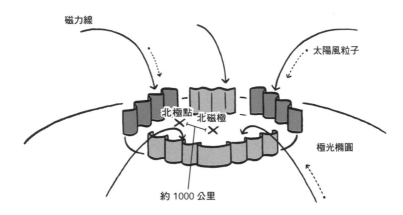

地球的北極點與地磁磁極的位置（稱作「北磁極」）距離約 1000 公里。以北磁極為中心，約半徑 2000 公里範圍的環狀區域，會有地磁的磁力線穿入，因此沿著磁力線流動的太陽風粒子主要也是在這個環狀區域上產生極光（這個環狀區域稱作「極光橢圓」）。

在阿拉斯加、加拿大北部以及瑞典北部等地可以看見極光，就是因為這些地方接近極光橢圓的範圍。

太陽表面有時會發生叫做「閃焰」的劇烈爆炸，一旦有閃焰發生，太陽風就會劇烈吹出，來到地球的太陽風粒子就會增加，因此極光也會變得較為活躍，有時候在北海道等距離極光橢圓較遠的地方也會因此看見極光。當紅色的極光出現在地平面上時，有時候也會被誤判為森林大火。

Physics ｜ Electricity ｜ Chemistry ｜ Biology ｜ Geography ｜ Cosmology

地殼／地函／板塊

【 Crust / Mantle / Plate 】

雖然地球感覺就在我們身邊，但它實在太大又太堅硬了，
想要直接調查它的內部實在非常困難。
不過，還是可以透過間接方式獲得相當多有關地球的資訊。

地球的結構

地球有三層結構，剛好可以用雞蛋來比喻。

觀察地球內部

地球半徑約為 6400 公里，最外側是厚度約數十公里，相當於蛋殼，以堅硬岩石構成的「地殼」。從該處往下直到深度 3000 公里處，相當於蛋白部分，是由稍微軟一點點的岩石所構成的「地函」。由地函再往內側，就是相當於蛋黃的「地核」，是由鐵等金屬所構成。「地函」（mantle）一詞在英文中指的本來是「披風」，因為它包覆在地核周圍，因此才會有此名稱，所以中文也另有一稱呼其為地幔。

「地核」這個名稱中，雖然有「核」這個字，不過跟原子核還是核分裂一點關係都沒有，只是單純表示「中央的核心」這個意義而已。

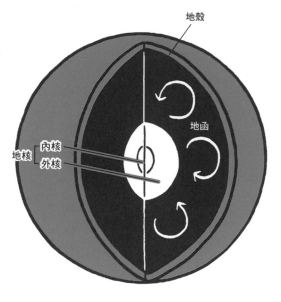

地核還可以再區分成以熔融液體構成的「外核」，以及固體的「內核」。外核中有熔融的鐵金屬在循環流動，因此其中有電流流動，並產生地磁。

地函是固體的岩石構成，但是因為它的質地比較軟一點，因此可以在幾百萬年或幾千年的時間中緩慢流動。其外側部位溫度比較低一些（話雖如此，事實上也有 1000℃ 以上），內側部分受到地核的溫度影響，因此溫度較高（約 5000℃ 左右），地函會因為熱能而產生對流。就好像鍋子裡的味噌湯，當從鍋底加溫時，會產生從底部流向表面、再從表面流向底部的循環一樣。

地殼可以分成不同的板塊

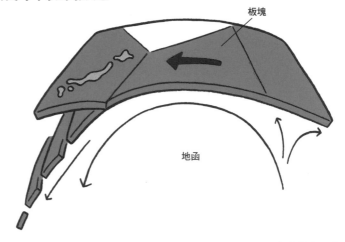

板塊

板塊

地殼是以堅硬的岩石
構成，在許多地方有
裂痕，而裂開的每一
片碎片都叫做「板
塊」。地函發生對流
時，板塊就會順著地
函的對流方向而移
動，這就是所謂的
「板塊漂移」。

地函

Physics ｜ Electricity ｜ Chemistry ｜ Biology ｜ Geography ｜ Cosmology

　　板塊彼此分離的部位，會有地函湧出而固化，不斷補足地殼所缺少的部分。另一方面，板塊彼此擠壓的部分，則會有一邊的板塊逐漸陷入地函中，與地函融為一體。日本列島就是處在這樣的位置上。

要如何對地球進行調查呢

　　實際上，我們無法將地球切成一片一片的，那麼究竟要用什麼方法來探索地球的內部結構呢？探究地球內部時，會使用類似魚群探測儀的方法。

魚群探測儀會在海中發出聲波，並
且捕捉魚群反射的聲波，藉此掌握
魚群的位置。同樣地，地震的震波
也會在地殼與地函的界面等結構有
所變化的位置發生反射或是改變行
進方向。因此只要在特定地點使用
炸藥等方式引發小型人工地震，就
可以利用其震波進行測定。只要解
析這種數據，就可以推測地球內部
的結構。

以地震波進行探測

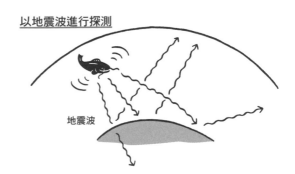

地震波

　　那麼在日本列島所在的板塊交界上，究竟會發生什麼現象呢？（詳見下一個單元）

火山／地震

【 Volcano / Earthquake 】

像日本這樣位在板塊交界之處，很容易發生災害。
如果能事先了解其原理，
說不定可以稍微減輕災害的影響。

日本的地底

日本列島位於歐亞板塊與北美板塊的邊緣，東側有太平洋板塊，南方有菲律賓海板塊擠壓在一起，擠壓過來的兩個板塊因為受到海水冷卻而較為沉重，所以會隱沒到其他兩塊板塊（「大陸板塊」）下方。

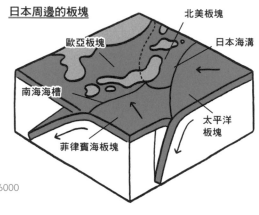

日本周邊的板塊

北美板塊

歐亞板塊

日本海溝

南海海槽

太平洋板塊

菲律賓海板塊

板塊隱沒的位置在海底的深處，稱作「海溝」或「海槽」。

海溝與海槽的差異在於深度不同，深度超過 6000 公尺的叫做海溝，較淺的則叫做海槽。

火山前緣

數百公里

岩漿庫

水滲入

100km ～ 200km

岩漿

岩石熔化

岩漿產生的方式

當板塊隱沒時，分界面上會有海水滲入，使岩石的性質改變，到了深度 100 ～ 200 公里處，溫度升高到 1000℃ 以上時，岩石的性質會出現更進一步的變化，最後就會形成濃稠的液體，這就是「岩漿」。

岩漿會穿透岩石的間隙垂直上升，在地殼中累積在深度數公里的位置，這種有岩漿累積的地方就稱作「岩漿庫」。累積在岩漿庫的岩漿會因為某些契機而上升，噴出地表而形成火山。

岩石熔化產生岩漿的深度大致上是固定的，所以火山會在距離海溝一定距離（以日本列島來說，會是數百公里）之處排成一列，這種火山並列的地形就稱作「火山前緣」。

地震的產生

當海洋板塊沉降到大陸板塊下方時，兩者之間會有摩擦的力量產生，因此大陸板塊會有一端被往下拉，這樣一來，大陸板塊的邊緣就會越來越彎曲，彎曲到極限時，就會急遽地彈回，回復原狀，這種原因所造成的巨大地震就稱作「海溝型地震」。

　　引發東日本大震災的東北太平洋近海地震就屬於海溝型地震。

　　另一方面，引發阪神、淡路大震災的兵庫縣南部地震則是在板塊內部發生的地震，其發生機制稍有所不同。

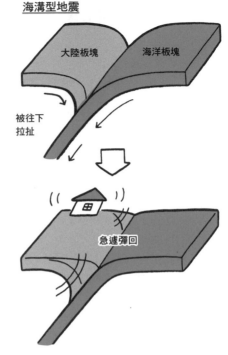

海溝型地震

大陸板塊　　海洋板塊

被往下拉扯

急遽彈回

內陸地震

ミシミシ

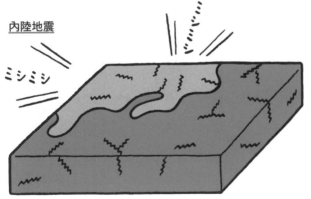

海洋板塊沉降時，大陸板塊往往會有許多地方發生應變，在各處產生小小的裂痕，這就是所謂的「斷層」。當斷層因為應變而發生滑動時也會發生地震，這種地震就稱作「內陸地震」，俗稱「直下型地震」。

　　雖然內陸地震的規模一般來說比較小，但是因為這種地震是發生在人類群居之處，因此危害會比較大。而且因為不知道板塊的何處會有應變產生，因此內陸地震難以預知，只能自己做好準備，不論地震何時來襲，都要能有所因應。

Physics ｜ Electricity ｜ Chemistry ｜ Biology ｜ Geography ｜ Cosmology

震度／地震規模

【Seismic intensity / Magnitude】

地震發生時會有地震速報，
此時會使用兩種不同的數值描述地震。
雖然感覺有點令人混淆，但在意義上兩者確實大不同。

震度是什麼

在不同的地點，地面搖晃的程度究竟有多激烈，這就是「震度」。震度越大，地面上的物體就會被越強大的力量搖動，此時物體傾倒毀壞、遭受危害的程度就越嚴重。

據說到 1990 年代為止，都是以觀測所職員的體感來測量震度大小。一旦地震發生，當班的職員就要正襟危坐，判斷搖動的激烈程度，但這樣不僅不正確，而且又花時間，因此後來就改採「地震計」來測量震度。

地震計的原理

地震計是利用簡諧運動的原理，將長形的單擺固定在架子上，即使架子左右快速搖晃，單擺的重錘也幾乎不會有所晃動。因此，預先在重錘下方裝設一支筆，並在底下鋪設紀錄紙，當地震發生時，雖然紙張會隨地震搖晃，但重錘與筆則不會搖動，如此就可以在紙上記錄出地震的搖動程度。

利用特定的計算方式換算紀錄結果，就可以算出對外發表的震度數據。

　　地震計並不能測到地表上的所有震盪，如果是極微弱的震盪，重錘跟筆也會跟著一起擺動，因此地震計就無法測量到。最近人們發現，也有這種緩慢的地震存在，這種地震被稱作「滑移」或是「慢地震」。有一種說法認為，如果能觀測到這樣的地震，對預知巨大地震可能會有所幫助。

在日本，震度分成 0 到 7 的 10 個分級，但在美國與韓國則是分成從 I 到 XII 的 12 個分級。本來應該是所有國家都採用共通標準比較好，但如果現在才去改變分級制度也會招致混亂。

地震規模是什麼？

　　另一方面，表示地震本身規模大小的數值就是「地震規模」。地震規模越大，釋放的能量越多，將這種能量大小加以換算的結果，就是地震規模的數值。震度會因為地點不同而有所不同，但是每一次地震的地震規模都只有一個數值。

「地震規模」（Magnitude）在英文原文中就是「規模大小」的意思。在世界上多半稱作「芮氏地震規模」，芮氏指的是提倡此種分級方式的美國地震學者芮希特（Charles Francis Richter）。

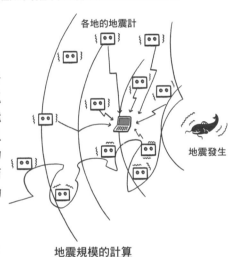

各地的地震計

地震發生

地震規模的計算

地震發生後，統整計算各地地震計的數據，藉此計算震源的地點與地震規模。

　　當地震規模的數值提升 0.2，就表示地震的能量提升 2 倍，因此即使地震規模數值只有小數點位數的差異，能量差異也非常大。地震規模的數值如果提升了 1，就表示能量差異約為 30 倍，地震規模數值提升 2，就表示能量差異為 1000 倍。

　　目前為止所觀測到規模最大的地震，是 1960 年的智利地震，其地震規模 9.5。假設用巨大的斧頭或是某種工具來將地球一分為二，所計算出的會是規模 12 的地震。

P波／S波

【Primary wave / Secondary wave】

回想一下過去發生地震時
應該會感覺到當時的搖晃方式有其特徵吧，
如果可以好好活用這種特徵，對於減少災害影響將有所幫助。

兩種搖晃方式

當地震來襲時，往往是先有小幅度的輕微上下振動，然後才是大幅度的左右晃動。而地震就是由這兩種震盪方式結合在一起的。

P 波

當地震發生時，在震源處地底的地盤會往上下左右前後等所有方向震盪。
以你自己為觀察點，地盤往上下方向擺動的震盪（縱向震盪）大致是以每秒 6 公里的速度傳遞，這就是地震一開始的小幅度上下振動，這種震盪被稱作 P 波。

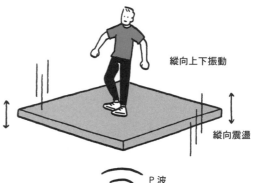

縱向上下振動

縱向震盪

P 波

震源

S 波

以你自己為觀察點，地盤往橫向擺動的震盪（橫向震盪），其傳遞速度比 P 波慢，大致上是以每秒 4 公里的速度傳遞，因此會比 P 波的振動還要晚一點感受到這種振動，這就是「S 波」。

P 波的 P 是英文「Primary」（代表「一次」的意思）的縮寫，而 S 波的 S 則是英文「Secondary」（代表「二次」的意思）的縮寫。

橫向振動

橫向震盪

震源　　S 波

當震源較近時，P 波與 S 波的時間差較小，小幅度上下振動之後很快就會大幅度左右晃動。震源距離越遠，這種時間差就越大，因為 P 波的強度很容易就會減弱，因此只會在一開始稍微感受到上下振動，而在稍等一段時間後感受到左右晃動。如果幾乎感受不到 P 波，但是 S 波的晃動卻很大的話，就可以推測是遠方發生了大地震。

P 波與 S 波的差異

在地盤裡，S 波只會在固體中傳遞，而 P 波則可以在空氣與水中傳播。一般的聲波就跟 P 波一樣，是在空氣與水中的縱向振動，因此往往會在 P 波來襲時聽到「嗡～」的地鳴聲。大地震發生在海中時，P 波也一樣可以傳播出來，據說在船上也可以感受到那種震盪。

緊急地震速報

　　一般地震發生時，其 P 波的震盪不會很強，而是後來才傳到的 S 波帶來主要的危害，因此在捕捉到一開始傳來的 P 波時就立刻發出警報，就可以針對危險的 S 波預先作好準備。這就是緊急地震速報的原理。

　　日本全國約 1000 處的地震計都有跟氣象廳連線，一旦某個地震計檢測到 P 波，氣象廳的電腦就會迅速計算出大致的地震規模與震源，並推斷出可能有劇烈 S 波震盪的區域，同時將資訊立即在電視上播放，或是發送到手機裡。

　　緊急地震預報並不是預知即將發生的地震，如果沒有檢測到 P 波，就無法發出警報，因此也沒有多少時間可以預作準備。尤其是在距離震央較近的地點，P 波與 S 波的時間差較小，時間上就更不充裕了。應該有很多人都有過這種體驗，都已經感受到地震搖晃了，電視才開始播放地震速報吧。

液化現象

【 Liquefaction 】

2011 年的東日本大震災，
在東京灣的海埔新生地等處發生地面變成像泥漿一樣一塌糊塗的狀況，
出現住宅傾倒、水管毀壞、道路龜裂等危害，
這種影響一直殘留到今日。

地盤變得黏稠而有流動性

容易發生液化現象的土地，其地盤主要是以砂土形成，且有地下水累積在地表附近。

液化現象的原理

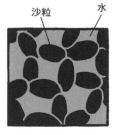

沙粒　　水

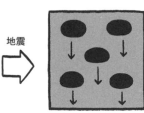

地震

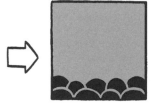

一般狀況下，沙粒間會緊緊貼在一起，其中則充滿水分。

發生地震時，因為地震的搖晃使得沙粒間彼此分離，形成沙粒漂浮在水中的狀態。

最後沙粒沉到下方，水分則在上層，地盤變得黏稠而有流動性，使得建築物等重物下沉，水管或人孔蓋等較輕的物體則會漂浮起來。

不只在海邊，回填河川遺跡、池塘或田地等土地大多有砂土，地下水位也高，容易發生液化現象。1964 年發生的新潟地震，在信濃川沿岸的建築物就因為液化現象而倒塌（這也是大眾第一次認知到液化現象的契機）。2004 年，新潟縣的中越地震，河川沙土堆積而形成的沖積扇也發生了液化現象。

一旦發生液化現象，不僅是建築物，地盤本身以及基礎建設也會受到危害，讓它們恢復原狀需要時間，以東日本大震災對東京灣造成的危害來說，將基礎建設恢復原狀已經花了不少年。

有什麼對策呢

　　要預防液化現象造成的災害，有改良地盤本身的方法，也有強化建築物的方法。

各式各樣的因應對策

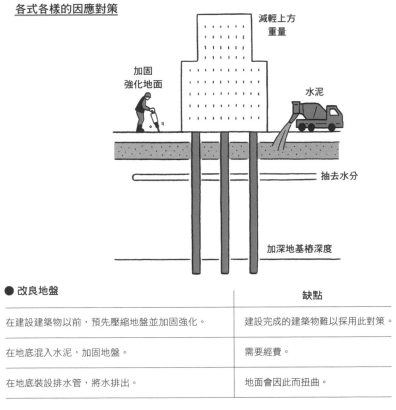

減輕上方
重量

加固
強化地面

水泥

抽去水分

加深地基樁深度

● **改良地盤**

	缺點
在建設建築物以前，預先壓縮地盤並加固強化。	建設完成的建築物難以採用此對策。
在地底混入水泥，加固地盤。	需要經費。
在地底裝設排水管，將水排出。	地面會因此而扭曲。

強化建築物

	缺點
將地基樁打進足以接觸到堅固地盤的地底深處。	此種對策僅能在新建時採用。
將建築物的重量減輕，改善其平衡性。	難以將危害減輕至零。

　　雖然相關研究其實很多，但目前還沒有足以一槌定音的決定性對策。現今還是有不少人居住在回填地上，如果可以儘快找到有效的對策就好了。

海底熱泉

【 Hydrothermal vent 】

深海陰暗而冰冷，有一種與生命無緣的印象。
但在深海中還是零星散布著一些生命繁榮發展的所在。
像這樣的地方可能掌握著生命誕生之密的關鍵，
也可能與外星生命體有關。

海底的煙囪

　　1977 年，美國伍茲霍爾海洋研究所的潛水艇阿爾文號（Alvin）在東
太平洋墨西哥近海，水深 2600 公尺處發現了不可思議的現象。海底矗立
著有如煙囪的物體，從其頂端處斷斷續續噴出高溫的水與有如黑煙的物
體。其後，在包含日本近海的世界各地陸續發現相同物體，此種物體被稱
作「海底熱泉」。

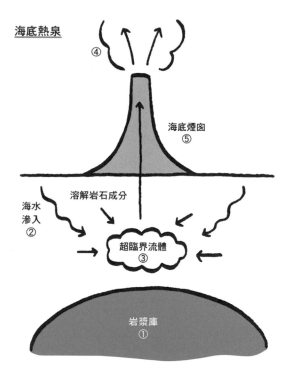

海底熱泉

④

海底煙囪
⑤

溶解岩石成分

海水
滲入
②

超臨界流體
③

岩漿庫
①

① 海底熱泉的地下有岩漿庫
存在（→ p168）。
② 從海底滲入的海水受到
岩漿加熱，溫度提升到接近
400℃。
③ 高溫的水形成了不是液體
也不是氣體的特殊狀態，稱
作超臨界流體（→ p99），使
得岩石的成分溶解於其中。
④ 此種超臨界流體自海底噴
出，瞬間冷卻，其中溶解的
岩石成分則形成固體。
⑤ 細小的岩石則如黑煙
一般向上噴出，在其周圍
產生出石柱（稱作「煙囪
（Chimney）」），噴出的水中
則含有硫化氫。

在深海底，水壓可達數百大
氣壓，因此水溫升高到攝氏
數百度也不會沸騰（→p98）。

不仰賴太陽生存的生物們

在地上或淺海的海洋生物，如果不是像植物那樣利用光合作用（→ p126）生存，就是以植物利用光合作用所製造的食物維生。也就是說，不論什麼生物，都是仰賴太陽生存的。但在海底熱泉周遭，卻有不仰賴太陽光的生態系統繁榮發展。

海底生態系統

在海底的煙囪周圍，有一些特別的化學合成細菌棲息。這種細菌可以將熱水中的硫化氫當作能量來源，利用海水中的二氧化碳合成有機物，就像是把光合作用中的光能換成硫化氫一樣。

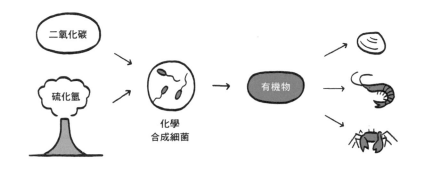

此處有許多貝類、蝦、螃蟹與魚等生物以這種化學合成細菌所製造的有機物為食，生活在這個區域。另外，多毛綱生物管蟲以及雙殼類生物巨蛤（Calyptogena soyoae）則是讓化學合成細菌棲息在自己體內，這種生態系統就稱作「熱泉生物群」。

這些生物都是仰賴地球能量生存，也有一種說法認為，或許在太古時代，地球的生命不是誕生在環境嚴酷的地表，而是誕生於這樣的海底熱泉。

外星生命也可能如此？

像木星的衛星歐羅巴、土星的衛星土衛二等星球都有地下海洋存在，可以推測其海底也會有與地球類似的海底熱泉存在。如果是這樣，其海洋中也可能有獨有的生物在其中繁榮發展，NASA 似乎已經在研究可以潛入歐羅巴海中探查生命的探測機，真是令人期待啊。

聖嬰現象／反聖嬰現象

【 El Niño / La Niña 】

偶爾會出現在氣象報導中，聽起來有點詭異的詞語。
雖然這兩個辭彙在西班牙文原文中，本來只是稀鬆平常的名詞而已，
但它們所指稱的卻是會對整個世界造成影響的大麻煩。

太平洋的異常

在太平洋的赤道上，吹拂著稱作信風的東風。因為赤道區域的強烈日光而變得溫暖的海水，會因為這種信風而往西方（印尼周邊）流動，而在東方（秘魯近海）則有來自深海的寒冷海水往上湧起，使海水溫度降低。

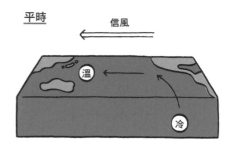

平時　　　信風

聖嬰現象

低溫少雨　⟸　高溫多雨

溫　弱

水溫上升

冷

但有時候，也可能因為信風減弱而使海水流動減弱（原因尚未明朗）。這樣一來，低溫海水上湧的量就會減少，使得秘魯沿海的海水溫度比平時還高，這種狀態會持續一年左右，這就稱作「聖嬰現象」。

聖嬰現象的原文「El Niño」在西班牙語中代表「男孩」的意義，後來轉成代稱「耶穌」。似乎是因為這種現象是從聖誕節左右時開始發生，所以秘魯的漁夫們才會這樣稱呼這種現象。

一旦聖嬰現象發生，秘魯沿海的溫度就會上升，相對地，印尼一帶的氣溫就會下降，降雨量也會減少，而且還會對全世界產生影響。在日本，夏天會因為太平洋高氣壓的勢力減弱而有冷夏與長雨的傾向。冬天的話，則會因為西高東低的氣壓差異減弱，有暖冬的傾向。另外，一般認為聖嬰現象會使氣象異常增加。

相反的現象

　　有時候也會發生與聖嬰現象相反的狀況，信風變強，赤道上的海流增強，使得秘魯沿海的水溫比平時更低，這就叫做「反聖嬰現象」。

反聖嬰現象

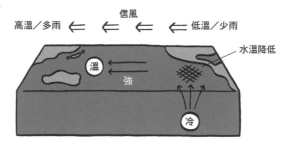

信風

高溫／多雨 ⇐　⇐　⇐　⇐ 低溫／少雨

水溫降低

溫

強

冷

反聖嬰現象的原文「La Niña」在西班牙語中代表「女孩」之意，因為與聖嬰現象相反，所以用語意相對的稱呼加以命名。

　　發生聖嬰現象的隔年往往會發生反聖嬰現象。

　　一旦反聖嬰現象發生，秘魯沿海與印尼周遭的氣候就會發生與聖嬰現象相反的變化。在日本，梅雨時期與夏季的降水量會有增加的傾向，不過會依據當時實際狀況有各種不同影響。但是，會使氣象異常增加這點似乎是肯定的。

長期預報

　　因為聖嬰現象與反聖嬰現象會對氣象有長期影響，因此日本氣象廳會定期監測東太平洋的海水溫度，預測六個月以後究竟會發生兩種現象中的哪一種，並在網頁上發布訊息。話雖如此，事實上並無法進行正確預測，目前只能推測「有多少％的機率會發生聖嬰現象（或反聖嬰現象）」而已。

Physics ｜ Electricity ｜ Chemistry ｜ Biology ｜ Geography ｜ Cosmology

頁岩氣／頁岩油／甲烷水合物

【 Shale oil / Shale gas / Methane hydrate 】

因為可以替代石油與天然氣而成為新能源，使它們備受矚目，
但這並不表示它們本身絕對沒有任何問題。

岩石中含有的石油與天然氣

一般的石油與天然氣是累積在地層與地層之間，只要鑿井挖掘，就可以利用泵浦將石油或天然氣抽出來。

另一方面，在地下 2000 ~ 3000 公尺深處，被稱作頁岩（英文為「shale」）的岩石中，也含有石油與天然氣，這些石油與天然氣就稱作「頁岩油」、「頁岩氣」。雖然要開採這樣的資源比較困難，但到了 21 世紀，水力裂解法的技術普及化，使得這些資源變得比較容易取得。

近年來引發熱議的頁岩油其實應該稱作叫緻密油（Tight Oil）。

汲取方式

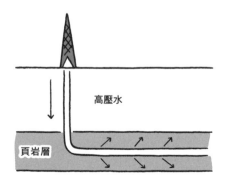

在頁岩層中以水平方向插入管路，灌注含有沙粒的水流。

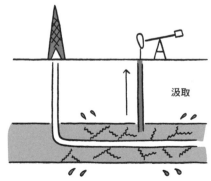

頁岩會因此龜裂，使石油與天然氣滲出，此時將其汲取出來。

頁岩油與頁岩氣集中分布於北美洲。在 2000 年代原油價格高漲時，美國各地都掀起挖掘頁岩油、頁岩氣的熱潮，使美國躍身成為產油大國，這就稱作「頁岩革命」。

另一方面，也曾發生水力裂解法造成地下水汙染，危害附近居民健康的問題。此外也有說法指出，地層會因為此種挖掘技術而變得較脆弱，容易發生地震。

可燃冰

在水深超過 500 公尺的深海底部等處，天然氣的主要成分甲烷會滲透到冰塊中，形成穩定的固體，這就稱作「甲烷水合物」。1 公克重的甲烷水合物含有的甲烷體積可達 180 mL。一旦靠近火源，甲烷水合物就會開始燃燒，所以又被稱作「可燃冰」。

想要利用甲烷水合物這種地下資源，就必須將管路插入地底，以泵浦降低其中的壓力，藉此從冰塊裡把甲烷吸出來，但目前還有許多技術上的問題需要克服，例如管路很快就會因為沙粒而阻塞，因此還沒有辦法真正商業化。

日本其實資源豐富？

1990 年代，在日本近海一帶進行大規模調查，發現西日本的太平洋沿岸與西南諸島近海等地埋藏了為數龐大的甲烷水合物，將其存量換算成日本消耗的天然氣，約相當於日本 100 年的消耗量。

中國之所以會爭奪釣魚台，據說也有一大理由是因為其近海的甲烷水合物礦藏。

未來，如果可以實際將甲烷水合物當作能源利用，日本說不定就會變成世界屈指的資源大國。但是另一方面，甲烷引發地球暖化的效應很強，如果從甲烷水合物中抽取大量甲烷，說不定會有讓地球的溫度一口氣上升的危險。

Physics | Electricity | Chemistry | Biology | Geography | Cosmology

透過實驗驗證的知識體系

科學曾走過的路

科學到底是什麼？

在英文中，代表「科學」的 Science 一詞，起源於拉丁文裡代表「知識」的 Scientia 一詞。這個詞語被引進英文是在 14 世紀時，當時的用法是利用這個詞語來指稱「非關個人信念與意見，以事實為基礎的共通知識」。在現代，這個詞語的意義比較偏向針對自然界進行研究的學問，但它本來是一個指稱學問，範圍較為廣泛的詞語。在 16 至 17 世紀間，科學革命發生時，這個詞語的意義轉變成現代用法，也就是「彙整自然界的法則與現象，可以透過實驗驗證的知識體系」。

Science 一詞在日文裡被譯作「科學」，是從明治時代初期開始。「科」這個漢字代表的是「種類」與「分類」的意義，比如說醫院裡的「小兒科」、生物學的「人科」等，都是表示區分類別的意義。也就是說，「科學」一詞本來指稱的，其實是「各式各樣的學問」。

剛開始，Science 也曾經翻譯成「理學」，就像「不證自明之理」一詞所表達的，「理」這個漢字所代表的是「事物的道理」。也就是說，「理學」就是「研究事物道理的學問」，也許這種翻譯比較適合現代的 Science 一詞的定義，但「科學」一詞卻早就已經深入人們的日常生活之中。不過即使到了現在，日本大學裡還是有「理學部」的名稱殘存下來。

科學這一門學問

在西元前時代，就連科學一詞也還不存在時，究明自然界真理的活動早就已經展開。但是，當時人們的想法與現代科學的思考方式有著根本的不同。當時的思維是認為有某種類似宇宙意志的事物存在，並且套用個人對於宇宙意志的認知，解釋所

觀察到的現象，其實是屬於一種哲學。比如說，亞里斯多德認為天界是一個秩序井然、毫無缺陷的世界，並以這個概念為基礎來解釋星球的動態。當時並沒有透過觀察或實驗加以驗證的想法，只要是偉大的哲學家講的話，應該就是正確的，任何人也不會對此有所懷疑，大家就這樣相信了。

但是隨著時代進步，在這種威權主義的學問體系中，逐漸有一些無法邏輯自洽的狀況浮出檯面。於是在 16 到 17 世紀間，人們終於注意到這樣的做法行不通了，不應該對權威的說法囫圇吞棗地盲信，而應該要切切實實地觀察自然界原有的面貌，基於道理與數學探求其根本原理，並且利用實驗與觀察去進行驗證，這就是科學革命。比如說，牛頓就是依據物體掉落與行星運動的觀察結果，推導出數學性的力學法則，而這種法則也經過許多學者的實驗與觀測加以驗證。推動現代科學研究的方法就是這樣確立的。

另一方面，教授學問的大學是從 12 世紀開始出現，但當時的大學比較像是培養神職人員、官僚、醫師的職業訓練學校，並沒有現在所謂的科學類別的學系。到了 18 世紀後，由於工業革命使得技術受到重視，大學也開始系統性地教導自然科學與工程學。大學就是這樣變成了科學研究的據點，而科學家也因此成為被社會所認可的職業。科學家們為了發表自己的成果，獲得他人的評價，因此建立了學會與學術雜誌的制度，而這就成了支撐現代科學研究的基礎。

人類對於自然的探究已經有 2000 年以上的歷史，但我們心目中所認知的科學其實也才誕生不過數百年，然而就是仰賴著這樣的現代科學發展，實現了支撐現代生活的技術文明與豐富的文化。

宇宙

Cosmology

英文的 Universe 與 Cosmos 都可以翻譯成「宇宙」。
Universe 本來指的是「萬事萬物統整而成之物」，可以對應「森羅萬象」這個詞彙。
另一方面，Cosmos 則是 Chaos（混沌）的反義詞，代表「世界的秩序」的意義，
這兩個單字都可以指稱相同的「宇宙」概念。
在科學世界中，多半使用 Universe 一詞，
但 Cosmos 一詞又帶有一種比較浪漫的韻味，令人難以捨棄。

光年／天文單位／秒差距

【 Light year / Astronomical unit / Persec 】

宇宙就是非常地遼闊。
使用公里這樣的單位去表達距離，會讓數值變得非常大而難用。
因此表示宇宙中的距離時，就要使用幾種特別的單位。

以光來表示距離

光的速度是秒速 30 萬公里（一秒可以繞地球七圈半），傳遞速度快得無與倫比，但因為宇宙就是如此廣大，所以有些地方不多花一點時間就無法抵達。

比如說，與我們最接近的恆星比鄰星（→ p207）就距離地球 40 兆公里。從這個恆星發出的光來到地球，就需要 4 兆公里 ÷ 秒速 30 萬公里 = 約 1 億 3400 萬秒，也就是需要 4.3 年。

因此與這顆恆星間的距離，就可以利用它發出的光線抵達地球所需的年數來表示，也就是「4.3 光年」。

一光年約為 9 兆 5000 億公里。「光年」雖然有「年」字，但終究是距離單位，請千萬不要搞錯了。

光線需要時間才能抵達目的地

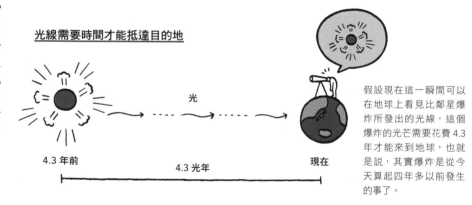

光

假設現在這一瞬間可以在地球上看見比鄰星爆炸所發出的光線，這個爆炸的光芒需要花費 4.3 年才能來到地球，也就是說，其實爆炸是從今天算起四年多以前發生的事了。

4.3 年前　　　4.3 光年　　　現在

以這種角度去看光年的數值，就可以立刻聯想到，從地球上看到的群星其實都是那些天體在很久以前的模樣了。

太陽與地球的距離

如果我們想表示比較近的距離，比如太陽系內部的距離，用光年這個單位表達，就會變成一個非常小的數值，像是 0.00……，這樣反而不方便，因此就將太陽與地球之間的距離（也就是 1 億 5000 萬公里）當作一個基準來使用，這就是一個「天文單位」。太陽與木星的距離是 7 億 8000 萬公里，利用天文單位表達這個距離時，就是 7 億 8000 萬 ÷ 1 億 5000 萬 ＝ 5.2 天文單位。只要看這個數值，就可以知道太陽與木星間的距離是太陽與地球距離的 5.2 倍。

使用角度表達距離

還有另外一種運用在宇宙中的距離單位，那就是「秒差距」。

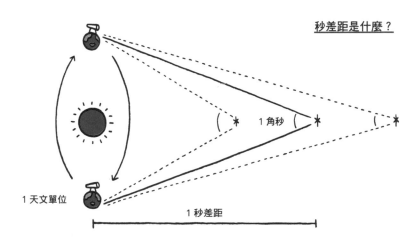

秒差距是什麼？

1 角秒　1 天文單位　1 秒差距

觀測者在相距 1 天文單位遠的地方，觀測一恆星的方位偏離了一角秒(1/3600 度)的話(這種偏移叫做「恆星視差」)，這時就可以說這顆恆星與地球的距離是一個秒差距。距離越近的恆星，這種恆星視差的角度偏移越大、較遠的恆星則只會稍微偏移一點。」(上圖為簡單示意圖)

這裡所說的「角秒」不是時間單位，而是角度的單位，實在有些令人混淆。

　　1 秒差距大約相當於 3.3 光年（3.1 兆公里）。「parsec」是由代表視差的「parallax」與代表角秒的「arcsecond」組合而成的單字，也就是「恆星視差為一角秒的距離」。在較專業的文章裡，如宇宙論書籍中常會採用這個單位。

太陽系／行星／衛星

【 Solar system / Planet / Satellite 】

相較於大到無遠弗屆的宇宙，
太陽系感覺就像是地球的鄰居們，
但太陽系的尺寸還是遠遠超乎人類所能想像。

太陽系的寬廣程度

以「太陽系」這個關鍵字去搜尋，大致上都會搜尋到類似以下的圖。

但在這樣的圖片裡，相較於天體的大小，天體之間的距離可以說是狹窄到不行，會讓人對太陽系的寬廣程度產生非常嚴重的誤解。所以如果我們依循實際比例去作圖應該會像下圖這樣。

以真正的比例作圖

太陽 直徑 1 mm　水星 2.5cm　金星 4.7cm　地球 直徑 0.01 mm 6.8cm　海王星 3.5m

在這張圖裡，如果要把太陽系最遠的行星——海王星也畫進去的話，就必須要把這本書的頁面延伸到 3.5 公尺寬才行。太陽系就是這樣超乎想像地大又空曠。這樣讀者應該就能了解，想把探測機送到目標行星上，需要多麼先進的技術吧。

行星的定義

太陽系裡有著大大小小的各種天體，其中更有可說是太陽系骨幹的八顆行星。國際天文學聯合會對於行星的定義是要滿足以下三種條件：

(1) 不是圍繞著其他行星轉動，而是圍繞著太陽轉動（稱作「公轉」）。

(2) 外型近似於球形。

(3) 軌道上沒有其他小天體。

在這三種條件中，滿足（1）與（2）但卻無法滿足（3）的天體，就稱作「矮行星」。目前被分類為矮行星的，有冥王星以及穀神星等五個天體。穀神星的公轉軌道在火星與木星之間。冥王星等其他四顆天體位於比海王星還要遠的位置，過去冥王星也被視作行星之一，但那是因為它剛好比較早被發現，而且當時人們認定的冥王星大小遠遠超出它的實際大小。

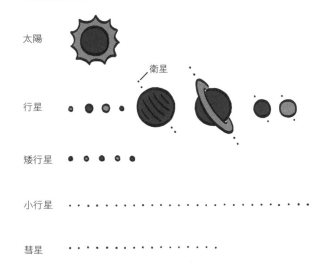

太陽系的天體

太陽

衛星

行星

矮行星

小行星

彗星

圍繞行星轉動的天體

衛星就是會圍繞行星進行公轉，且有一定大小的天體，像是形成土星環的塵埃與小石塊就不稱作衛星。而木星的衛星木衛三以及土星的衛星泰坦星等天體，即使它們比身為行星的水星還大，只要它們是圍繞著行星公轉而不是以太陽為中心，那它們就是衛星。

最近開始有一種說法，認為在遠比冥王星還要遙遠，距離太陽數百天文單位（→ p187）的位置，有一個未曾發現的行星「第九行星」存在，其大小據說可能相當於天王星與海王星，如果真的可以發現它，太陽系在人類心中的模樣肯定又會有所變化。

小行星

【Asteroid】

除了行星與衛星外，太陽系還包含許多天體。
雖然很小，卻可以提供我們許多與地球及太陽系形成相關的線索。

太陽系的重要配角

在太陽系的天體中，行星與矮行星以外的所有天體都被歸類為「小行星」或是「彗星」（將於下一單元介紹）。小行星指稱的是由岩石或鐵所組成，不會對周圍噴射氣體的天體。

目前為止，人類已經發現數十萬顆小行星。一旦發現新的小行星，首先會依據發現日期為它設定一個「天文學臨時編號」，之後進行更進一步的觀測，確定其軌道後，就會為它設定一個「小行星序號」，並由發現者加以命名。比如說，臨時編號 1998 SF36 的小行星後來被賦予小行星序號 25143 號，並命名為「糸川」。

小行星有兩種分類方式。

依據公轉位置分類

主帶小行星……在火星與木星之間進行公轉
特洛伊小行星……與木星處於相同軌道
近地小行星……位置接近地球
海王星外天體……位置比海王星還要遠

依據小行星的組成物質來分類

C 型小行星……含碳量較高
S 型小行星……含矽量較高
X 型小行星……含鐵量較高

在小行星中，最大的就是灶神星（直徑 525 公里，約有月球的 1/7 大）。至於較小的小行星很難定義出最小值，但目前已發現直徑僅有數十公里的小行星。

隼鳥號的探測

　　如各位所熟知，日本的探測機隼鳥號已經歷盡艱辛，前往小行星糸川並將其樣品帶回地球。糸川是一顆長度約 500 公尺，外型細長的 S 型小行星。

　　隼鳥號的推進力，採用了離子引擎這種新技術。其加速雖然相當遲緩，但是燃料效率好，可以持續運作許多年，一般認為這種技術很適合應用在無法搭載大量燃料的探測機上。

離子引擎的原理

利用微波照射氙氣，使其分解成陽離子（→ p33）以及電子（→ p33）（這種過程叫做電離），並對其中的陽離子施加電場（→ p58）予以加速，令其由噴射口向外噴出，藉此獲得推進力。電子的部分則會另外以中和器於其他地方釋出，避免累積電荷。

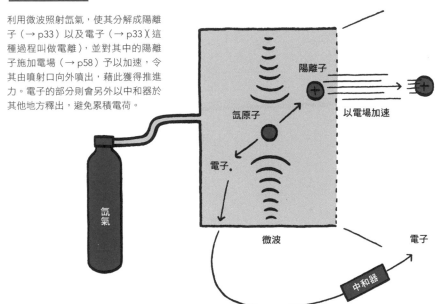

　　2014 年，隼鳥號的後繼機型隼鳥 2 號發射，這次的目的地則是近地 C 型小行星龍宮，在那裡有可能會發現可以孕育生命的物質。另外，還要針對它的結構與組成加以詳盡調查，也許對避免小行星在未來撞擊地球有所幫助。（隼鳥 2 號已於 2020 年帶著樣品回到地球，順利完成它的旅程。）

彗星
【Comet】

它有時會拖著長長的尾巴，在夜空中展現壯麗的身影，
但其實它的本體小得令人吃驚。

掃帚星的本來面目

彗星與小行星不同，主要是以混雜了塵埃的冰塊構成（可以比喻成「髒掉的雪人」）。其大小僅有數百公尺至數公里，此部分稱作「彗核」。

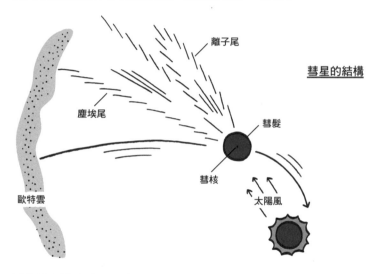

彗星的結構

離子尾

塵埃尾

彗髮

彗核

太陽風

歐特雲

彗星原先是飄流在太陽系盡頭，一個叫做「歐特雲」的區域裡，當彗星因為某種因素開始往太陽靠近時，冰塊就會因為太陽的熱度而昇華（→ p99），向周圍散布氣體與塵埃，其範圍可達數百公里，而這些散布出去的物質會因為反射太陽光線而發光，產生所謂的「彗髮」（coma，這個詞在拉丁文中代表「頭髮」的意思）。而當彗星更加接近太陽時，就會因為太陽風（→ p164）吹動氣體與塵埃的流動，形成長度達到數億公里的「彗尾」。

其實彗星的尾巴有兩條，氣體會朝著太陽的反方向，沿直線方向高速流動，產生稱作離子尾的彗尾。另一方面，塵埃的流速則比較慢一點，所以會再形成一條曲線型彗尾，叫做塵埃尾。

彗尾跟火箭的噴射雲不同，不是沿著與行進方向相反的方向延伸，這一點要多加注意。

大多數彗星都只會靠近太陽一次，之後就會飛向遠方，再也不會回來。但有少數彗星會在飛離太陽途中被木星的重力吸引，變成圍繞太陽進行公轉的彗星，這樣的彗星就叫做「週期彗星」，它們會週期性地接近太陽，並且產生彗髮與彗尾。著名的哈雷彗星就是每 76 年接近太陽一次的週期彗星。

週期彗星

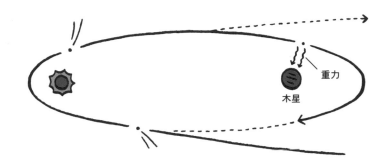

重力

木星

目前為止，人類已經發現並確定其軌道的彗星共有數千個，在數量上遠少於小行星。週期彗星的數量更少，僅有約 700 個左右。

彗星探測

1986 年，哈雷彗星接近地球時，美國與日本等國都向哈雷彗星發射了探測機。其中，歐洲太空總署（ESA）所發射的探測機喬托號（Giotto）曾經接近彗核到大約距離 600 公里的位置，並拍攝了哈雷彗星的外觀。

ESA 在 2004 年發射了彗星探測機羅塞塔（Rosetta）號，其目的地是一顆週期彗星：楚留莫夫－格拉希門克彗星。花費 10 年時間，它終於抵達那顆彗星，並由菲萊（Philae）登陸器達成了全世界第一次登陸彗核表面的壯舉，也終於揭開了彗星在接近太陽時噴出氣體的真實景象。

不論是彗星、小行星或是其他天體，只從地面上用望遠鏡眺望，而沒有實際以探測機造訪的話，還是有許多事情沒有辦法探究清楚的。

恆星

【Fixed star】

描繪出星座，為夜空點綴美麗的裝飾。
但其實恆星也跟人類一樣，都會經歷誕生與死亡。

恆星是什麼？

行星與衛星不會自己發光，只能反射太陽的光芒。但在夜空中所見到的大部分星辰，都跟太陽一樣能自己發光，這樣的天體就被稱作「恆星」（太陽也是恆星）。

雖然恆星各自分別朝著不同的方向移動，但因為它們與我們的距離實在太遙遠，所以在短短數十寒暑之間，幾乎無法察覺它們的變動。因此，在夜空中恆星間的位置關係，也就是星座的形狀，在漫長的歲月裡幾乎不曾有所變化。相較之下，太陽系的星球與地球的距離就相當近，只要連續觀察幾天或是幾十天，就能發現它們的變動，因此看起來就好像是行星在恆星所形成的背景之中，日復一日地改變自己的位置。

話說回頭，其實「恆星」一詞的語義，就是「恆久不變的星體」，而「行星」就是「運行的星體」。

包含太陽在內的恆星，都是因為核融合（→ p47）的能量而發光。

恆星為什麼會發光呢？

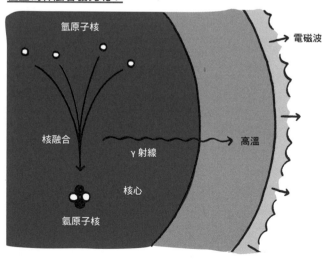

氫原子核

電磁波

核融合

γ 射線

高溫

核心

氦原子核

在恆星中心（核心）的超高溫、超高壓環境下，氫原子的原子核彼此融合，形成氦原子的原子核，這時會產生 γ 射線（→ p42）。這種 γ 射線會加熱恆星的內部，就是這種熱能讓恆星從表面發出包含可見光的各種波長的電磁波（→ p65）。

恆星的一生

恆星也跟人類一樣，有誕生就會死亡，讓我們來看看恆星的一生吧。

從誕生到死亡

分子雲
在宇宙的各處，飄蕩著氫氣等氣體形成的雲霧。

原恆星
氣體因為重力而聚集，溫度與壓力緩緩上升，最後就會開始進行核融合。恆星就是這樣誕生的。

主序星
初生不久的恆星，可以在很長一段時間裡持續發出穩定的光芒。

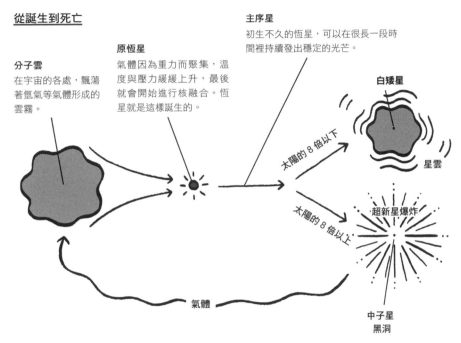

白矮星

星雲

太陽的 8 倍以下

太陽的 8 倍以上

超新星爆炸

中子星
黑洞

氣體

重量越輕的恆星，停留在主序星階段的時間越長，重量越重的恆星則越短，以太陽來說，大概可以持續 100 億年。目前距離太陽誕生大約 50 億年左右，剛好在它生命的一半左右。核融合的燃料氫氣最後總會耗盡，此時恆星就會迎向死亡，而恆星死亡的方式會因為它的重量而有不同。

重量在太陽質量 8 倍以下的恆星，會對周圍緩緩地吐出氣體，形成星雲，中央部分則留下稱作白矮星的小型天體。

重量超過太陽質量 8 倍的恆星則會劇烈地爆炸，這就是「超新星爆炸」（陰暗得幾乎看不見的恆星突然間變得明亮而閃耀，就像是一顆新的恆星出現了一樣，所以才會取名為超新星）。

在超新星爆炸後，會留下一種極小而又極重的天體，叫做中子星，或是留下黑洞（→ p200）。

恆星死亡時四處散逸的氣體還會再度聚集起來，變成新恆星的原料，恆星就是這樣輪迴再生的。

星系

【Galaxy】

現在這個名詞已經是家喻戶曉，
但其實在大概 100 年前，誰也沒有辦法想像，
宇宙中其實有非常多這樣的東西存在。

恆星的大集團

宇宙中有數之不盡的恆星存在，但它們並不是平均散布在宇宙空間裡。由於彼此之間的重力影響，會讓數百萬乃至於數千億個恆星聚在一起，形成一個群體，這就是「星系」。

為什麼星系可以聚集在一起呢？

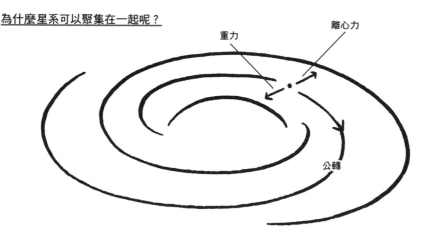

如果形成星系的恆星都靜止不動，就會因為彼此間的重力不斷互相吸引，從而使得星系縮小，最後潰不成形。但實際上每一顆恆星都會像太陽系裡的行星一樣，圍繞著星系中心進行公轉，使得重力與離心力（→ p27）彼此抵消，讓恆星得以與星系的中心維持一定距離。（上圖為簡單示意圖，星系轉動方向應為逆時針）

據說整個宇宙中有 1000 億個以上的星系，每個星系的大小約為 1 萬到 10 萬光年，而星系間的距離則約為數百萬光年，所以星系的分布可說相當地稀疏。

銀河系

　　我們的太陽系所歸屬的星系稱作「銀河系」或「銀河星系」。

　　銀河系的形狀是平坦的漩渦形，直徑約為 10 萬光年，算是比較大的星系。太陽系的位置在銀河系中較邊緣的位置，距離中心約 2 萬 5000 光年。銀河系中央的凸起處稱作「核球」，平坦的圓盤狀部分稱作「星系盤」，在其外側則有恆星稀疏散布，稱作「銀暈」（halo，這個詞原義是代表繪畫中描繪在聖人頭部後方的「光環」）。從地球的方向觀察，形成核球與星系盤的恆星看起來像是呈帶狀分布，這就是橫亙於夜空中銀河的真面目。

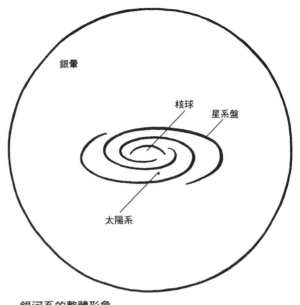

銀河系的整體形象

　　銀河系附近有數個附屬的小型星系，其中稱作大麥哲倫星系（星雲）與小麥哲倫星系（星雲）的兩個星系，在南半球可以用肉眼觀察到。距離銀河系最近的大型星系仙女座星系位在 250 萬光年以外，在黑暗的夜空中也可以用肉眼觀察到。

哈伯的偉業

　　直到 1920 年代，人們都認為宇宙中只有一個星系，在其外側空間則是一片虛空，而仙女座星系也被當作銀河系內部的小型天體。但是美國天文學者哈伯（Edwin Hubble）發現，其實仙女座星系是位在銀河系外的大型天體，揭露了宇宙中還有無數星系存在的真相。

　　哈伯徹底顛覆了人們對於宇宙的印象，卻在未及獲頒諾貝爾獎前就去世了。雖然這也不能算是一種補償，但是 NASA 的宇宙望遠鏡就是為了紀念他的豐功偉業，才會命名為哈伯望遠鏡。

星系團／宇宙大規模結構

【 Cluster of galaxies / Large scale structure of the universe 】

就像恆星聚集在一起形成星系一樣，
許多星系也會聚集在一起形成更大型的結構。
這種巨大的結構也是最近才終於被人們所揭露。

星系的群體

星系是平均散布在整個宇宙之中嗎？當然不是。星系會聚集在一起，形成「星系群」或「星系團」這種由數個到數千個星系構成的群體。我們的銀河系也是跟仙女座星系等其他星系一起形成一個叫做「本星系群」的星系群。

星系群是由數個到數十個星系所形成，而規模在這以上的就是星系團。

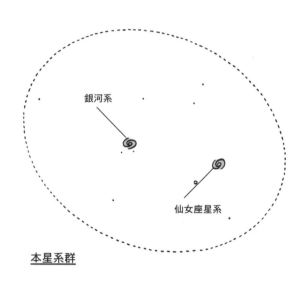

銀河系

仙女座星系

本星系群

星系群或星系團等結構再進一步結合在一起，就會形成稱作「超星系團」的群體，其大小在一億光年以上，不會形成很明確的形狀。依據推測，在超星系團中會有星系特別密集的地方，而其他星系會受到重力影響，一起被吸往那個方向。

直到最近為止，人們都認為本星系群應該是處在一個叫做「室女座超星系團」的超星系團邊緣。但 2014 年時，發現了室女座超星系團其實是一個更加巨大的「拉尼亞凱亞超星系團」的一部分，據說其直徑在 4 億光年以上，包含 10 萬個以上的大型星系。

宇宙中最大的結構

故事還沒有說完。1990 年以後，人們曾經多次嘗試測定許多星系的位置，並將其分布製作成地圖，其結果就像下圖所示，可以確認即使是超星系團的分布也並不平均。

每一個色塊代表一個星系或星系團，這張圖涵蓋了數十億光年的範圍

宇宙的大規模結構

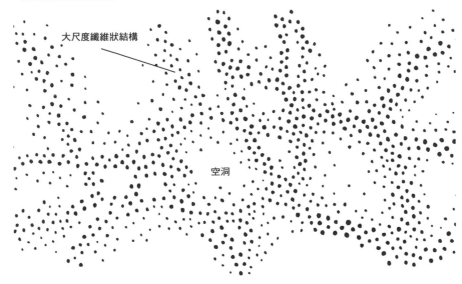

大尺度纖維狀結構

空洞

超星系團的分布狀況，看起來就像是超星系團排列在肥皂泡泡表面一樣，而這種結構就叫做「大尺度纖維狀結構」或「長城」，而泡泡的中央幾乎是空心的，這個部位被稱作「空洞」。

空洞的直徑在數億光年到數十億光年間，在其中廣袤無比的空間裡，幾乎沒有星系也沒有恆星存在。如果進入空洞內部的話，周遭的景色究竟是如何呢？

黑洞

【 Black hole 】

其實到目前為止，人類還不曾觀察到黑洞本體的外觀。
但說不定，人們對於黑洞那種什麼東西都可以被它吸入的印象跟事實頗有出入。

宇宙中的「黑色孔洞」

重量極重的恆星會在生涯最後發生超新星爆炸（→ p195），向外噴出許多物質，其中心則會留下大約一半左右的物質。這些物質會因為自身的重力而逐漸受到壓縮、逐漸縮小，最後就會縮小到只剩下一個點為止。在這個點的周圍會產生極大的重力，這種重力就連光線也能捕捉，使其無法逃離。從遠處觀測的話，看起來就像是一塊毫無光線的漆黑物體，這就是「黑洞」。

黑洞的形成

超新星爆炸 → **事件視界** / 光 / 奇異點 / **黑洞**

在黑洞的中心，物質被壓縮成一個點，密度在計算上等同於無限大，因為這個點是個在尋常狀況下無法想像的奇異之處，所以被稱作「奇異點」。另外，這種連光也無法脫離的範圍邊界，就被稱作「事件視界」（舊稱「事象地平面」，Event Horizon）。因為在地面上無法看見比地平面（horizon）還要遠的景象，所以才會以此比喻並命名。

像這樣因為超新星爆炸而形成的黑洞，就稱作「恆星質量黑洞」，其大小約數十公里，算是相當小的天體。在銀河系與附近的星系裡發現不少這樣的黑洞。

另一方面，幾乎在所有星系中心，都有更加巨大的黑洞存在，其質量為太陽的數百萬倍，甚至直徑也與太陽系接近，這樣的黑洞就稱作「超大質量黑洞」。我們的銀河系中心也有這樣的黑洞存在，但這種黑洞究竟是如何形成的目前還不清楚。

如何找到黑洞

　　想要利用望遠鏡觀測黑洞，也會因為黑洞本身是一片漆黑而無法觀測其本身。但如果在其周遭還有其他恆星會發光，那麼就可以間接找到黑洞了。

當黑洞高速吸收恆星的氣體時，會把這些氣體加熱到超高溫，因而產生明亮閃耀的可見光或 X 光。
還有，因為黑洞吸收氣體的勁道實在太強，所以會有一部分氣體被超高速彈出而發光，形成稱作「噴流」的細長線狀，其長度有時可以達到數萬光年之長。

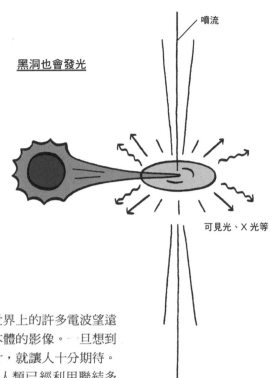

黑洞也會發光

噴流

可見光、X 光等

Physics ｜ Electricity ｜ Chemistry ｜ Biology ｜ Geography ｜ Cosmology

　　目前有人正在規劃，讓世界上的許多電波望遠鏡分工合作，直接拍攝黑洞本體的影像。一旦想到也許最近就可以看到這種照片，就讓人十分期待。（譯註：2019 年 4 月 10 日，人類已經利用聯結多個無線電望遠鏡的無線電望遠鏡網絡「事件視界望遠鏡」（EHT）直接拍攝到黑洞的影像，並同步向全世界公布。）

黑洞會蒸發？

　　雖然前文中說黑洞是純黑的，但其實依照量子力學（→ p37），據說黑洞會發出微弱的光線而漸漸縮小。英國宇宙物理學家霍金提出這樣的理論，並稱這種現象為「霍金輻射」。但是一般黑洞所發出的光實在太過微弱，因此實質上等同於是全黑的。

　　然而有一種說法認為，在宇宙誕生時，或是以加速器進行實驗時，會產生大小近似於基本粒子(→ p34)的微型黑洞，這樣的黑洞所放射的霍金輻射就很強，而且會在放出耀眼光芒後立刻消失，這就稱作「黑洞的蒸發」，不過目前為止還沒有實際觀測到這種現象。

Physics ｜ Electricity ｜ Chemistry ｜ Biology ｜ Geography ｜ Cosmology

大霹靂／宇宙暴脹

【 Big bang / Inflation 】

透過遺留到現在的種種證據，
逐漸揭開宇宙誕生的秘密。

宇宙的嬰兒時代

　　據說宇宙是在距今約 138 億年前，因為「大霹靂」而誕生的。雖然大霹靂時常被比喻成一種爆炸，但要說在宇宙之外還有空間存在，在概念上其實是弔詭的，所以大霹靂的狀況跟炸彈爆炸的狀況其實有很大的不同。

　　宇宙的所有物質、能量、空間等，過去都被壓縮在一種無法想像的超高密度、超高溫的狀態下。物質則以基本粒子（→ p34）的狀態聚集成一個團塊（在大霹靂那一瞬間以前的狀況目前還不是很清楚）。

宇宙的歷史

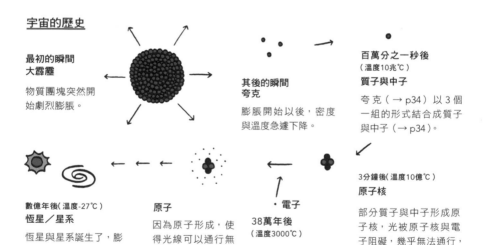

最初的瞬間
大霹靂

物質團塊突然開始劇烈膨脹。

其後的瞬間
夸克

膨脹開始以後，密度與溫度急遽下降。

百萬分之一秒後
（溫度10兆℃）
質子與中子

夸克（→ p34）以 3 個一組的形式結合成質子與中子（→ p34）。

3分鐘後（溫度10億℃）
原子核

部分質子與中子形成原子核，光被原子核與電子阻礙，幾乎無法通行，使得宇宙變得不透明。

數億年後（溫度-27℃）
恆星／星系

恆星與星系誕生了，膨脹目前還在繼續進行，宇宙持續擴張。

原子

因為原子形成，使得光線可以通行無阻，宇宙因此變得透明（這個現象稱作「宇宙復合」）。

電子

38萬年後
（溫度3000℃）

原子核與電子結合，形成原子（→ p32）。

「大霹靂」的英文是「Big Bang」，本來是類似於「轟的一聲巨響」的語感。過去一位叫做弗雷德‧霍伊爾（Fred Hoyle）的知名天文學家為了諷刺「這種事情根本就不可能發生」才使用這種說法來稱呼，結果反而變成一種通稱。

大霹靂的證據

　　觸發大霹靂理論誕生的，就是天文學家哈伯（→ p197）。1929 年，他發現距離我們越遠的星系會以更快的速度遠離我們（「哈伯定律」），揭露了宇宙正在膨脹的真相。

　　但是直到 1960 年，還是有很多科學家認為大霹靂理論太過於荒誕無稽，懷疑它是否真的發生過。但在 1965 年，美國科學家阿諾·彭齊亞斯（Arno Penzias）和羅伯特·威爾遜（Robert Wilson）發現有微波（→ p65）從宇宙四面八方射向地球。

　　這個現象成為決定性的證據，證明大霹靂理論是正確的。

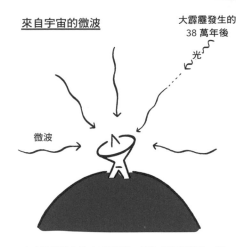

來自宇宙的微波

大霹靂發生的38 萬年後

在大霹靂發生的 38 萬年後，因為「宇宙復合」而使光線可以通行無阻，到了現在，當時發出的光線已經因為波長變長而成了微波，從四面八方以幾乎相同的強度射向地球，稱作「宇宙微波背景輻射」。

超急遽的膨脹

　　但大霹靂理論有個很大的缺點，就是從地球觀測這個宇宙時，不論往哪個方向都能觀測到外觀大致相同的星系，這一點大霹靂理論無論如何也無法解釋。於是在 1980 年代，阿蘭·古斯（Alan Guth）與佐藤勝彥等數個物理學者提出以下想法。

在大霹靂發生的前一瞬間，就在一兆分之一秒的一兆分之一的一兆分之一的超短時間裡，宇宙劇烈膨脹成原本的一兆倍的一兆倍的一兆倍，這一瞬間的膨脹造成原有的不均勻被均勻化，整個宇宙就變成了幾乎均等的狀態。

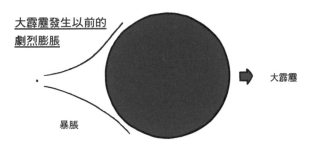

大霹靂發生以前的劇烈膨脹

大霹靂

暴脹

　　在英文裡，利用通貨膨脹時物價急速上升的現象來比喻這種劇烈的膨脹現象，因此這種理論被稱作「宇宙暴脹」（inflation，在英文中代表通貨膨脹）。如果進一步推導暴脹理論，就會得到其實宇宙不只一個，而是有無數個宇宙存在的論點，但目前還無法證明。如果這個論點是正確的，就可以解釋宇宙中的許多謎團，日後應該也會持續有許多相關研究吧。

重力波
【 Gravity wave 】

因為 2017 年諾貝爾物理獎而成為話題。
「重力」以及「波」的意義大家都能了解，
但是把這兩個詞語結合在一起，到底是什麼呢？

空間的震盪

　　在本書第 23 頁說明重力時，曾經用一個在上下左右前後等三個方向都拉起的橡皮筋來比喻，恆星（→ p194）等天體會把附近的橡皮筋往自己的方向拉過去，而當太空船沿著橡皮筋移動時，就會不知不覺間被這些天體吸引過去。這就是重力的真面目，那麼如果這些天體自己發生運動時，會出現什麼事情呢？

重力波產生的原理

當天體突然間發生運動時，在天體周遭的橡皮筋（空間）也會一陣一陣地振動。這種振動會沿著橡皮筋傳遞出去，形成波動而擴散到四面八方（傳遞速度等於光速），這就是「重力波」。但是這種振動的幅度遠比原子或原子核（→ p32）的尺寸還要微小。

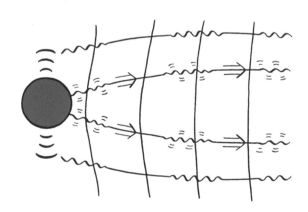

　　當我們周遭物體有所動作時，比如說我們揮動手臂時，同樣會產生重力波。但是因為這種重力波實在太微弱了，所以以現有技術還無法偵測到。

　　目前，只有像是中子星或黑洞（→ p200）這樣重到無與倫比的天體在劇烈運動時，才可以勉強檢測到重力波的存在。如果有兩個這種重量級的天體彼此接近，它們會在圍繞著對方旋轉的過程中不斷接近，最後彼此衝撞而結合在一起，這時就會發生相當強烈的重力波。

要如何捕捉重力波呢

100 年以前，愛因斯坦就已經預言有重力波的存在，但是要檢測重力波非常困難，所以一直無法偵測到它的存在。不過這幾年，世界各地建立了數個大型觀測站，企圖搶先發現重力波，它們所利用的原理幾乎都很相近。

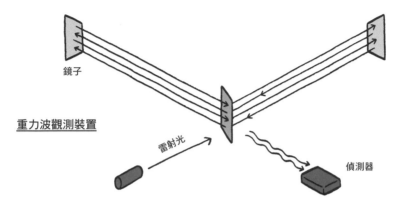

鏡子

重力波觀測裝置

雷射光

偵測器

將雷射光分成兩束，讓光線在距離數公里的兩面鏡子之間反覆來回，然後再把兩束光線合併為一束，將這兩束雷射的波峰與波谷調整至一致。當重力波來臨的時候，會有一邊的鏡子間距稍有改變，此時兩束雷射的波峰與波谷就會稍微偏移，觀測這種現象就可以檢測出重力波的存在。

地震、風或是車輛行駛的影響也會使鏡子的間距有所變化，因此必須使用相當先進的技術去抑制那些無用的間距變化。

第一次觀測到重力波

在美國設有兩處據點的重力波檢測設施 LIGO，於 2015 年 9 月搶先全世界第一次偵測到重力波。分析其數據後，發現這次重力波是距離地球 13 億光年外的兩個黑洞結合時所釋放出來的。

光線一旦被遮蔽就會無法觀測，但重力波幾乎可以穿越所有障礙物而不受影響，有些天體現象無法透過望遠鏡觀測來了解其真實面貌，但未來肯定可以利用重力波的觀測加以解析。

想要詳盡了解在宇宙何處發生了什麼，就必須在全世界許多地點同時進行觀測，美國已有這樣的觀測設施，但這樣還不夠。目前在義大利有 VIRGO、德國有 GEO600 等觀測設施已經開始運作，在日本岐阜縣的地下，建設在超級神岡探測器（→ p49）旁的高靈敏度觀測設施神岡重力波探測器（KAGRA）也即將開始運作。

Physics ｜ Electricity ｜ Chemistry ｜ Biology ｜ Geography ｜ Cosmology

太陽系外行星

【Extrasolar planet】

一共有八顆行星圍繞太陽公轉。
但太陽不過是宇宙中的一顆恆星，
有其他行星圍繞在別的恆星周圍也不足為奇。
但是利用現有方法，目前還不太能發現這些行星的存在。

Physics ｜ Electricity ｜ Chemistry ｜ Biology ｜ Geography ｜ Cosmology

位於太陽系以外的行星

在太陽以外的許多恆星四周，也有行星會圍繞那些恆星進行公轉，這樣的行星就稱作「太陽系外行星」，簡稱「系外行星」。

系外行星所圍繞的，相當於太陽的恆星就稱為「主星」。

系外行星難以觀測

蚊子

探照燈

系外行星不僅與地球相距數光年的距離，而且主星的亮度又遠勝於行星，因此想要觀測系外行星實在非常困難，簡直就像是想要在幾公里外觀測到在探照燈旁邊飛舞的蚊子一樣。

因此直到 1990 年代，人類還沒有發現任何一顆系外行星。

但是 1995 年，瑞士的天文學家梅爾（Michel Gustave Édouard Mayor）與奎洛茲（Didier Patrick Queloz）在飛馬座 51 這顆恆星周圍發現了第一顆太陽系外行星（發現方法就是後文中所說的都卜勒法）。雖然那是一顆類似於木星的巨大行星，但它與主星間的距離僅有太陽與地球間距離的 1/20。如此接近主星的大型行星就稱作「熱木星」（Hot Jupiter）。

太陽系外行星的命名方式，是依據發現的順序，在主星的名字後面加上「b」、「c」、「d」等代號（「a」則是屬於主星的代號），因此這顆系外行星的名字就是「飛馬座 51b」。

發現太陽系外行星的方法

　　要用望遠鏡直接看到系外行星相當困難，因此主要採用其他兩種間接方式來觀察。

(1) 凌星法（Transit photometry）

當系外行星穿越主星前方時，主星的光線會稍微減弱（「凌」就是代表「橫越」的意思），長期觀測一顆恆星的亮度，就可以利用亮度週期性減弱的現象來發現太陽系外行星。

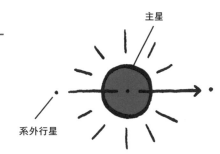

主星

系外行星

(2) 都卜勒法

系外行星的主星會因為系外行星的公轉而有些微晃動，這樣一來從主星發出光線的光譜（→ p30）就會有週期性變化（稱作「都卜勒效應」），這種現象可以利用光譜儀來加以觀測。

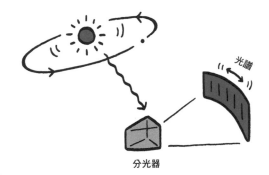

光譜

分光器

那地球外的生命呢？

　　在與地球大小相似、溫度相近的岩石行星上，說不定也有生命棲息。2016年，人們發現距離太陽系最近的恆星比鄰星旁就有這樣的行星存在。而在 2017年，在距離地球 39 光年，距離還算近的一顆稱作 TRAPPIST-1 的恆星旁，也發現三顆類似的行星。這些行星上面究竟有沒有生命呢？說不定上面確實有外星人存在，要是未來有一天可以實際去探查就好了。

暗物質／暗能量

【 Dark matter / Dark energy 】

這兩個詞聽起來就像是電影星際大戰裡會出現的名詞，
但其實二者都真實存在於現實世界的宇宙中，
只是目前還完全無法了解其真面目。

看不見的物質

星系團（→ p198）之所以能形成一個穩定的結構，是因為星系間彼此以重力互相牽引的同時，也有圍繞著星系團中心公轉的離心力（→ p27）存在的關係。

星系團會四分五裂？

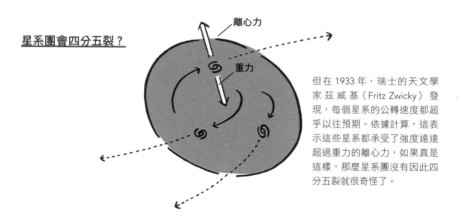

但在 1933 年，瑞士的天文學家 茲 威 基（Fritz Zwicky） 發現，每個星系的公轉速度都超乎以往預期。依據計算，這表示這些星系都承受了強度遠遠超過重力的離心力，如果真是這樣，那麼星系團沒有因此四分五裂就很奇怪了。

於是茲威基就想到了一種解釋，那就是在星系團裡存在著大量不會發光的物質，就是因為它們的重力而使星系被維繫在星系團中，這種物質就稱作「暗物質」（Dark Matter，Matter 是代表物質的英文單字）。但是目前這種暗物質的真面目還是一個謎團，依據目前最有力的說法，暗物質的真面目就是一種稱作 WIMP，尚未被人類發現的基本粒子（→ p34）。為了發現這種基本粒子，世界各地建設了不少觀測裝置，日本也建設了名叫 XMASS 的裝置，想要搶先全世界發現這種基本粒子，但在 2017 年時，因為預期未來成功率渺茫，所以決定退出這場競爭。

所謂的 WIMP，就是「大質量弱相互作用粒子」（Weakly Interacting Massive Particles）的英文縮寫。

宇宙加速膨脹

　　直到 20 世紀以前，人們都認為宇宙膨脹是隨著大霹靂的慣性而持續進行中，因此其膨脹速度會逐漸變慢。

<u>以往的學說</u>

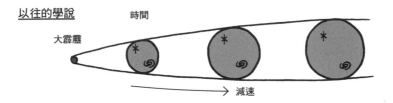

　　但在 1998 年，美國物理學家施密特（Brian Paul Schmidt）與黎斯（Adam Guy Riess）的研究團隊，還有珀爾穆特（Saul Perlmutter）的研究團隊觀測數十億光年以外的星系，發現其實宇宙正以越來越快的速度加速膨脹，這個超乎預期的發現讓全世界科學家都為之震驚。

<u>實際上</u>

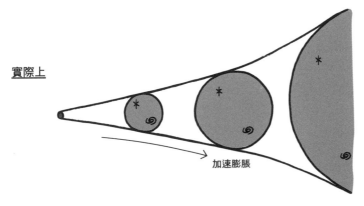

　　目前推測宇宙加速膨脹是受到「暗能量」的影響所造成。這個名字只是受到暗物質的啟發而取名，與暗物質並沒有直接關係。

　　因為暗能量充斥在宇宙中，因此就像氣球裡灌進空氣一樣，推擠著宇宙向外膨脹。但不可思議的是，暗能量也在宇宙膨脹的過程中逐漸增加，因此宇宙越是膨脹，它膨脹的速度也就越來越快。

　　雖然目前暗能量的真面目還是一個謎團，但有一種說法認為，其實愛因斯坦早就思考過相關問題，但依據既有的常識，宇宙加速膨脹是一種難以想像的概念，這讓愛因斯坦覺得這種想法是錯誤的，因此放棄了這種觀點。

論文與科學家

正確的科學

　　過去，STAP 細胞相關的醜聞曾經引起一陣混亂。當時曾經有各式各樣的論戰，包括 STAP 細胞是否真的存在，是否應該要求原作者再次重現實驗，研究機關與其他共同研究人員是否有責任等。確實，在一般社會裡，這些事情或許很重要，但是在科學研究的世界裡，以上爭論都偏離主題了。在科學裡最重要的，就是論文是否據實撰寫，以及論文內容是否被其他研究者視作事實而接受，就只有這樣而已。

　　實驗完成，產出結果，並不表示研究者的工作就此結束，還必須把已經完成的實驗統整成論文，這是為了要讓其他的廣大研究者都能了解研究內容，做更進一步的研究或應用。許許多多的研究者都是依靠著彼此的研究作為基石，讓研究可以百尺竿頭，更進一步來說，科學就是利用這樣的方式進步的。而居中銜接這一切的，最重要的溝通管道就是論文。要召集大眾媒體，大肆宣傳研究成果當然可以，但這對於日後的研究並沒有好處，對於科學的進步也不會有所貢獻。

　　撰寫論文，有其絕對必須遵守的原則，那就是不可以說謊或是隱瞞事實，並且要將研究內容充分且詳盡地說明，讓同業研究者也可以利用相同方法達成一樣的結果。如果描述的方法不充分，或是包含謊言、隱瞞事實，那麼其他人就無法判斷其研究價值，更無法將其應用在後續研究中。不論作者自己如何宣稱「讓我自己來做就可以成功」，但如果其他研究者讀了這篇論文後無法做出相同結果，那就完全沒有意義。

　　同儕審查的系統，就是為了避免不完整的論文，或是錯誤的論文發表在學術雜誌上而產生的。當學術雜誌收到論文投稿時，編輯部就會選擇幾位能夠充分理解該篇論文內容、能夠判斷論文價值、屬於相同領域的研究者，並由這些研究者（稱作「審查委員」或「審閱人」）去閱讀這些論文，判斷這篇論文是否適合刊載。審查委員會判斷這篇論文的研究內容是否有意義、研究內容的說明是否明確、是否有可能包含捏造的內容，據此告知編輯部能否刊載。當審查委員判斷可以刊載時，該篇論文

才會被刊載，並且公開於大眾面前。審查委員判斷不應刊載的論文就不會被公開，而論文中的研究也就因此失去意義，必須重新進行實驗，重新撰寫論文。

雖然同儕審查系統可以發揮一定程度的效果，但也不能算是完美無缺。即使論文中有捏造成分存在，審查委員如果只看到論文本身，說不定也無法看穿，如果造假的人使用巧妙的伎倆，說不定就能讓論文得到超出實際價值的評價，因此刊載在學術雜誌上的論文，也不見得就保證是正確且重要的。

在研究成果受到舉世所接納、認可前，還有一個難關需要通過。刊載在學術雜誌上的論文，還會有許多讀者去研讀，這樣一來，如果其中有造假成分就比較容易被發現，而且對於論文的內容，任何人都有權提出異議，如果對方提出的異議正確，那麼提出異議的人會得到較高的評價。也就是說，這是一種彼此監督的系統。另外，如果是重要性較低的論文，就會被大多數研究者忽略，無法再為未來的研究提供貢獻。統整而成為論文，被學術雜誌刊載，而且又受到多數研究者所認同的研究，才會是正確而又重要的研究，被後世所流傳。

STAP 細胞的論文確實曾被審查委員認可，並刊載在學術雜誌上，但是在經過大眾閱讀後，發現了一些疑點以及不能自圓其說的內容。而在整場混亂後，作者自己決定要收回論文。因為論文本身不再留存，不論進行過怎樣的實驗，得到過怎樣的結果，最終都等同於研究本身已經不存在。是否真的有 STAP 細胞，根本就不是這次事件的重點。未來，或許會有其他研究者利用相同方法製造出相同的細胞，並且統整成論文，獲得廣大認同，但那也是未來那一位研究者的成果，絕對不會是引起這場混亂的人的成果。科學研究的價值就於論文之中，僅此而已。

實驗

撰寫論文

同儕審查

學術雜誌刊載

嗯嗯嗯

大眾閱讀

出色的成果
被接納認可

結語

應該有很多人心裡覺得,「明明就在學校裡學習過科學知識,卻只用在考試上,根本沒有辦法應用在現實生活中不是嗎?」確實,一般人在日常生活中很難碰到需要計算物體加速度之類的狀況。但即使如此,科學仍是所有人都必須了解的知識。話雖如此,光是這樣說,應該也很難讓人信服吧。究竟科學知識可以為我們提供什麼幫助呢?

對於這個問題,最常出現的答案就是,「人類本身就擁有想去了解任何事情的本能,而科學可以滿足這種求知慾」。人類之所以能夠支配這個地球,就是因為擁有這種想要徹底了解自然界,並盡可能依照自己的意志去操控世界的本能。所有人類都在有意識或無意識間,擁有這種本能,追求科學就是人類的宿命。

另外也有一種說法認為,「科學知識會讓心靈更加豐足」。越能通曉宇宙萬物,越能被它的壯闊所吸引,自覺自身有多麼渺小。越是理解生命活動的原理,其卓越與纖細之處就會更加深刻刻劃在人心之中,更加鞏固人們愛惜生命的想法。從廣義的角度上,可以說科學知識對於道德教育也是有所幫助的。

以上兩種說法,說不定確實正中了問題的核心,但筆者覺得這樣的想法有點偏向理想主義了。筆者認為科學知識對我們提供的幫助應該是更直接的。

首先,最基本的,科學知識可以幫助我們守護我們自己。了解氣象的原理與地球的結構,就可以在自然災害中保護自己。了解細菌、病毒、免疫等知識,就可以預防疾病。想要避免自己被詐騙集團詐騙,也必須要有科學知識。這世界上有很多人會假稱科學,編造荒誕不經的故事,藉此斂財,而只要具備正確知識,就可以揭穿他們的謊言。另外,最近也有一種針對放射性物質與化學物質,過度煽動群眾恐懼的風潮,這樣反而會引發危險與災難。只要具備科學知識,就可以不受這樣的謊言所欺騙,自己做出獨立判斷,採取適當的行動。想要保護自己的生命與健康,就必須具備一定程度的科學知識。

但是，跟日常生活無關的領域，比如說基本粒子物理學或是宇宙論等，應該就沒有辦法發揮這樣的功效了。確實，即使不知道微中子這種東西，也不會因此生病或被騙。但科學是由龐大的知識彼此相結合所形成。由於人們更加了解微中子的性質，使得物理理論更進一步接近完備，因此使得化學更有發展、生物學進步、地理學研究向前邁進，科學知識的影響會如此向外擴張，最終將對與我們直接相關的領域產生裨益。

　　另外，也有許多科學研究的副產物在無意間對我們的生活產生幫助。比如說，起初是為了讓學者們共享基本粒子實驗的龐大資料而設計的系統，進一步發展後就變成現代的網際網路。另外，為了探索宇宙而開發的各式各樣的材料與技術，也被轉而應用於電子儀器或太陽能電池等領域，對日常生活產生了幫助。

　　科學知識就是透過這樣的方式，對全人類發揮具體的作用，是任何人都應該要有所了解的知識。不必強求學習那些繁瑣的理論或複雜的計算，但要能夠掌握大致的概念，了解那些科學家（或是詐騙集團）到底在講什麼。希望各位至少可以具備這種程度的知識。如果這本書可以對各位多少有些貢獻，那就是萬幸了。

　　這本書之所以可以成書，多虧了許多人的協助。責任編輯高野麻結子小姐（河出書房新社）十分認真面對我寫得十分散亂的原稿，提出許多建議，讓這本書變得更為平易近人，最終能順利統整成一本完整的書籍。書籍裝訂專家吉田健人先生（bankto LLC.）則是在紙面的限制中，巧妙組合文章與插圖，完成了兼顧美感與閱讀性的排版。校正課的各位則是在確認原稿時，從文字風格統一乃至於文章內容的事實確認都一絲不苟。最重要的就是負責插圖的小幡彩貴老師，他接納了我各式各樣的無理要求，創作出了十分簡單明瞭，同時又風格獨具的插圖。多虧了有小幡老師精彩的插圖，使得這本書不僅在外觀上平易近人，又能展現出華麗的面貌，實在非常感謝以上各位相關同仁。

參考文獻

長倉三郎、井口洋夫、江澤洋、岩村秀、佐藤文隆、久保亮五　編纂　《理化學辭典》(理化学辞典)第五版，岩波書店

小田稔、野田春彥、上村洸、山口嘉夫　編纂　《理化學英和辭典》(理化学英和辞典)，研究社

國立天文台　編纂《理科年表　平成 30 年》(理科年表 平成 30 年)，丸善出版

《大英百科全書　百科詳編》(ブリタニカ国際大百科事典 小項目版)，Britannica Japan

《日本大百科全書》(日本大百科全書)，小學館

《世界大百科事典》(世界大百科事典)，平凡社

左卷健男　編著　《想要事先弄清楚的最新科學基本用語》(知っておきたい最新科学の基本用語)，技術評論社

大槻義彥、大場一郎　編纂　《新‧物理學事典》(新‧物理学事典)，講談社

鈴木炎《熵值大冒險》(エントロピーをめぐる冒険)，講談社

菊池誠、小峰公子、岡崎真里《想從頭開始問清楚的放射線真相》(いちから聞きたい放射線のほんとう)，筑摩書房

George Johnson　《量子電腦是什麼》(量子コンピュータとは何か)，水谷淳譯，早川書房

甘利俊一　《腦‧心‧人工智慧》(脳‧心‧人工知能)，講談社

櫻井弘　《111 種元素的新知識》(元素 111 の新知識)，講談社

巖佐庸、倉谷滋、齋藤成也、塚谷裕一　編纂《岩波　生物學辭典》(岩波 生物学辞典)，岩波書店

《生命科學辭典》(ライフサイエンス辞書)，lsd-project.jp

東京大學生命科學教科書編集委員會　《理科統整用生命科學》(理系総合のための生命科学)，羊土社

David Sadava　《彩色圖解　美國版 大學生物學教科書》(カラー図解 アメリカ版 大学生物学の教科書)，石崎泰樹　監譯，講談社

古川武彥、大木勇人《圖解氣象學入門》(図解気象学入門)，講談社

杵島正洋、松本直記、左卷健男　編纂《新高中地球科學教科書》(新しい高校地学の教科書)，講談社

岡村定矩等人　編纂《天文學辭典》(天文学辞典)，日本評論社

谷口義明　監修　《新天文學事典》(新天文学事典)，講談社

名詞索引

● A-Z

ATP……124 ~ 126

B 細胞……140, 141

C3 植物、C4 植物……126

CERN（歐洲核子研究組織）……80

DNA……65, 120~123, 125, 127, 132~134, 144~147

ESA（歐洲太空總署）……193

GEO600……205

iPS……142, 143

LED……72~74

LHC（大型強子對撞加速器）……51

LIGO……205

mRNA（傳訊 RNA）……133

NASA……177, 197

N 型半導體……67, 72, 74

P 波、S 波……172, 173

P 型半導體……67, 72, 74

RNA……122, 133, 145

TRAPPIST-1……207

tRNA（轉送 RNA）……133

VIRGO……205

WIMP……208

XMASS……208

X 光……65, 201

γ 射線……42, 43, 65, 194

● ㄅ

波長……30, 65, 70, 71

波以耳……88

百帕……158

貝克勒……45

貝爾……80

貝爾實驗室……75

胞器……120, 125, 127, 133, 148, 149

班奈特……81

板塊……167 ~ 169

半導體……66, 67, 70, 72 ~ 75, 106, 111

半衰期……43, 89

本星系群……198

比鄰星……71, 186, 207

標準模型……35

病毒……52, 122, 123, 141

● ㄆ

珀爾穆特……209

配子……135, 136

● ㄇ

馬克斯威爾……65

馬克斯威爾方程式……65

邁斯納……69

邁斯納效應……69

梅爾……206

梅雨……160

糸川……190, 191

秒差距……187

● ㄈ

發光二極體……72

發育……135

法拉第……17, 59, 64

氟氯烴……109

費洛蒙……139

飯島澄男……111

分化……135, 142, 143

分子……32, 33, 35, 38, 39, 41, 89, 92 ~ 98, 107 ~ 109, 129, 164, 165

分子雲……195

放射線……42 ~ 45

放射性……42, 43, 45, 89

放射性物質……43, 45

鋒面……160, 161

伏打……60

伏特……61

輔助 T 細胞……140

● ㄉ

大霹靂……202, 203, 209

大隅良典……148

代謝……103

導體……66

單倍體……131, 135

單細胞生物……120, 121

蛋白質……52, 93, 122, 123, 128 ~ 133, 144, 148, 149

氮分子……164, 165

等效原理……25

Index

等壓線······158, 159

等位基因······131

低氣壓······158, 159

地殼······113, 166, 167

地震波······167

地震計······170, 171, 173

第九行星······189

電洞······67, 72, 74

電能······18, 20, 21, 37, 59

電力······17, 58, 95

電力線······58, 59, 62

電 荷 ······33, 34, 47, 58, 59, 92

電漿······99

電漿片······164

電晶體······67

電場······17, 58, 59, 64, 65

電 子 ······33, 58, 60, 61, 63, 74, 94, 95, 99, 164, 202

電阻······61, 66, 68, 69

電磁波······65, 70, 71, 194

電磁力······17

電磁感應······64

電壓······61, 66, 70, 72

都卜勒法······206, 207

獨立試驗······54, 55

杜德納······145

多細胞生物······120, 121

端粒······146, 147

動能······18~20, 37, 39, 42

動量······15

動量守恆定律······15

● ㄊ

颱風······162, 163

太平洋高氣壓······163, 178

太空站······24, 25

太陽風······164, 165, 192

太陽能電池······74, 75

太陽光······31

太陽系······188, 189, 197, 206

淘汰······136

碳　······53, 88, 89, 97, 106, 109, 110, 111, 126

碳平衡······151

碳反應······126, 127

天擇······136, 137

天野浩······73

天文單位······187

肽鍵······128, 133

突變······136, 137

土衛二······177

同素異性體······110

同位素······89

● ㄋ

奈（奈米）······52, 53

奈米碳管······110, 111

奈米科技······53

內分泌干擾物質······139

內分泌器官······138

內陸地震（直下型地震）······

169

內呼吸······124

能 量 ······18~21, 46, 47, 59, 97, 124, 126, 164

能量守恆定律······19, 21

牛頓······22, 183

牛頓第一運動定律、第二運動定律······26

凝固······99

凝固熱······101

凝結······99, 101

凝結熱······101, 162

諾貝爾生理醫學獎······143, 148

諾貝爾物理獎 ······49, 51, 73, 204

暖鋒······160, 161

● ㄌ

類囊體······127

藍綠藻······127

冷鋒······161

離心力······27, 208

離子······32, 33

離子鍵······95

離子引擎······191

離子尾······192

力······16, 17

粒線體······121, 125

量子位元······78, 79

凌星法······207

● ㄍ

高氣壓……158, 159, 163

高溫超導……69

感染症……123

古澤明……81

古斯……203

固體……98 ~ 101

固化（凝固）……99

過敏……141

過敏性休克……141

規範玻色子……17

慣性……26

光……30, 31, 65, 72, 73

光譜……30, 31, 207

光年……186

光合作用……126, 127, 177

光纖……71, 81, 113

公轉……189, 190, 193, 196, 206 ~ 208

功……20, 21, 38, 40

功率……21

共價鍵……94

● ㄎ

卡路里……102, 103

可見光……65, 194, 201

克爾文……68

抗體……140, 141

抗原……140

庫柏對……69

庫侖……58

夸克……34, 35, 202

奎洛茲……206

空洞……199

空中飄浮……69

● ㄏ

哈伯……197, 203

哈伯定律……203

哈雷彗星……193

核分裂……46, 47

核球……197

核融合……46, 47, 69, 99, 194, 195

荷爾蒙……138, 139

海底熱泉……176, 177

海溝……168

海溝型地震……169

海槽……168

黑洞……195, 200, 201, 204, 205

黑洞的蒸發……201

恆星……186, 194 ~ 197, 200 ~ 202, 204, 206, 207

恆星視差……187

呼吸……124, 125

呼吸作用……124

互補……132, 133, 145

滑移（慢地震）……171

化合物……88, 89

化學反應……96, 97, 104, 105, 129

化學能……18, 19, 97

化學合成細菌……177

化學鍵……94, 96

迴路……61, 74

彗星……189, 190, 192, 193

還原……97

環境荷爾蒙……139

混合物……89

● ㄐ

基本粒子……17, 34 ~ 36, 48, 50, 201, 202, 208

基本粒子物理學……51

基質……127

基因……123, 130, 131

基因體……130 ~ 132, 134, 142, 144 ~ 146

基因體編輯……145, 146

基因操作……123, 144, 145

積雨雲……162, 163

極光……164, 165

極光橢圓……165

加速器……51, 91, 201

交叉……135

焦耳……21, 102

減數分裂……135, 136

鹼……93

鹼根……93

金屬鍵……95

聚合酶……134, 146, 147

Index

颱風……162
絕對零度……68
絕緣體……66

●ㄑ
奇異點（科技奇異點）……77
奇異點（重力奇異點）……200
汽化……99, 101
汽化熱……100, 101
氣體……98, 100, 101
氣旋……162
伽利略……14
囚錮鋒……161
潛熱……100, 101
強作用力……17
氫離子……92, 93, 124
氫氧根離子……93

●ㄒ
西弗……44
希格斯……50
希格斯粒子……50, 51
稀土元素……112, 113
系外行星……206, 207
矽　……66, 67, 75, 106, 107, 190
矽氧樹脂……106, 107
細胞……120 ~ 125, 128, 134, 135, 140, 143, 144 ~ 149
細胞凋亡……146

細胞核　……120, 121, 132, 133, 142
細胞激素……140
細菌……52, 120 ~ 123, 131, 135, 177
蕭克利……67
小行星……190, 191
小柴昌俊……48
酵素……129, 134, 145 ~ 147
仙女座星系……197, 198
顯性……131
相對論……14, 23, 25
相對性……14
向量……15, 28, 29
向量的合成（向量的加法）……29
星系　……196, 198, 202 ,203, 208, 209
星系盤……197
星系團……198, 199, 208

●ㄓ
質量　……15, 22 ~ 26, 28, 49 ~ 51
滯留鋒……160
緻密油……180
真核細胞……125
真核生物……120, 121, 132
震度……170, 171
蒸發……99, 201
轉錄……133

轉譯……133
隼鳥號……191
狀態變化……99, 100
中和……93
中子……34, 35, 46, 89, 202
中子星……195, 204
中村修二……73
重力……17, 22 ~ 25, 27, 193, 195, 196, 200, 204, 208
重力波……204, 205
重力場……17
重量……24

●ㄔ
赤崎勇……73
超導……53, 68, 69
超臨界流體……99, 176
超級神岡探測器……49, 205
超新星爆炸……49, 195, 200
超星系團……198, 199
臭氧……108, 109
臭氧層空洞……109
塵埃尾……192
場……17, 58
觸媒……53, 104, 105, 129
純量……28
純物質……89, 106

●ㄕ
施密特……209
史坦利……123

室女座超星系團……198

事象地平面（事件視界）……200

嗜中性球……140

嗜酸性球……140

殺手T細胞……140

閃焰……165

深度學習……76, 79

腎上腺素……138

熵……40, 41

生物複製……142, 143

生物量、生質……150

昇華……99, 192

聖嬰現象……178, 179

衰變……42, 43, 45, 89

雙螺旋……132

● ㄖ

熱……38 ~ 40

熱木星……206

熱帶低氣壓……162, 163

熱能……18, 19, 37, 40, 41, 103

熱力學第三定律……68

熱力學第二定律（熵增定律）……41

熱力學第一定律……19

熱泉生物群……177

燃燒……97

染色體……130, 133 ~ 135

人工智慧……53, 76, 77

人工衛星……27

● ㄗ

自旋……36, 79

自噬作用……148, 149

自由電子……60, 66, 95

茲威基……208

佐藤勝彥……203

● ㄘ

磁……18, 62 ~ 64

磁力……16, 17, 62, 63

磁力線……17, 62, 63, 164, 165

磁場……17, 62 ~ 65, 164

測不準原理……36

蔡林格……81

● ㄙ

三稜鏡……30, 70

酸……92, 93

● ㄚ

阿茲海默症……149

● ㄜ

厄斯特……63

● ㄞ

矮行星……189

愛因斯坦……14, 23, 24, 80, 205, 209

● ㄡ

歐姆……61

歐姆定律……61

歐特雲……192

歐羅巴……177

● ㄢ

安培（人名）……63

安培（單位）……61

安培定律……63

胺基酸……128, 130, 132, 133

暗能量……209

暗物質……208, 209

● ㄣ

恩培多克勒……88

● ㄤ

昂內斯……68

● ㄧ

伊凡諾夫斯基……123

遺傳漂變……137

液體……98~101

液化現象……174, 175

異位性皮膚炎……141

壓力……98, 99

亞里斯多德……88, 183

頁岩（頁岩層）……180

Index

頁岩革命……181

頁岩氣……180, 181

頁岩油……180, 181

葉綠素……126, 127

煙囪……176, 177

癌細胞……123

演化……136, 137

陰離子……33, 95

銀河系……197, 198, 200

銀暈……197

隱性……131

氧分子……96, 108, 165

氧化……97, 104

● ㄨ

外呼吸……124

威爾遜……202, 203

微波……65, 191, 203

微中子……48, 49

梶田隆章……49

位能……18~20, 37

位元……78, 80

衛星……189

溫帶低氣壓……163

溫度……39, 40, 68, 98, 100 ~
102

● ㄩ

宇宙暴脹……203

宇宙復合……202, 203

宇宙加速膨脹……209

元素……88 ~ 91

元素符號……90

原核生物……120 ~ 122

原恆星……195

原 子 ……16, 32, 33, 36, 42,
43, 52, 60, 63, 66, 70, 73, 74,
88 ~ 91, 94 ~ 97, 99, 108 ~
111, 202

原 子 核 ……33 ~ 35, 46, 47,
52, 88, 99, 194, 202

原子序……90, 91

有方之思 005

超實用．科學用語圖鑑
—————— 物理、電、化學、生物、地科、宇宙 6 大領域，讓你一次搞懂 136 個基礎科學名詞

作者 水谷淳｜插畫 小幡彩貴｜譯者 陳嫈｜社長 余宜芳｜副總編輯 李宜芬｜封面設計 陳文德｜內頁排版 薛美惠｜出版者 有方文化有限公司／23445 新北市永和區永和路 1 段 156 號 11 樓之 2 電話—(02)89210339 傳真—(02)29211741｜總經銷 時報文化出版企業股份有限公司／33343 桃園市龜山區萬壽路 2 段 351 號 電話—(02)2306-6842｜印製 中原造像股份有限公司——初版一刷 2022 年 6 月 30 日｜定價 新台幣 380 元｜版權所有・翻印必究——Printed in Taiwan

ISBN：978-986-99686-4-5

超實用.科學用語圖鑑：物理、電、化學、生物、地理、宇宙6大領域 讓你一次搞懂136個基礎科學名詞/水谷淳著；小幡彩貴插畫；陳嫈譯. -- 初版. -- 新北市：有方文化有限公司, 2022.06
面； 公分. -- (有方之思；5)
ISBN 978-986-99686-4-5（平裝）

1.CST: 科學 2.CST: 術語

304   111006855